從璀璨星體到黯淡隕石，
每一次墜落都是來自天外的珍貴禮物！

METEOR
流星迷蹤

姚建明——編著

目錄

前言

第 1 章　流星！快許願

目錄

目錄

目錄

前言

流星雨和許願，許多人都知道這個話題。那它是不是天文學的話題呢？兩者之間真的有關聯嗎？關於許願你可能比較清楚，那麼關於流星雨，尤其是與天文學相關的部分，估計大多數人都不太清楚。本書中，我們將與天文學、地球科學、心理學，甚至是神祕學密切相關的流星雨拿來和大家討論一下。

實際上，大多數流星雨都來自於彗星。古代人們對彗星極度恐懼；現在的天文學家和人類學家卻十分喜愛這個「怪物」。彗星那麼漂亮，它那身著飄逸長裙的身影那麼令人神往……不只漂亮，彗星與我們關係很大，甚至我們喝的水都有相當大一部分是彗星帶來的。在這本書裡，我們會用一整章，來為您介紹彗星。

極光和流星雨、彗星一樣極其漂亮。於是我忍不住把這些「美」的事物（現象）放在一起來和大家分享。本來，很想為大家介紹「漂亮的天文學」，是的，那些星雲、星團、無線電波源、類星體、超新星爆發，真的是太漂亮了。可是，它們只能在望遠鏡裡看到。流星雨、彗星和極光不同，只要你願意，只要你勤奮一點，只要你喜愛天文學，你就能用肉眼欣賞到它們。而且，它們的漂亮並不亞於那些離我們特別遙遠的天體。

第 1 章　流星！快許願

看到流星——趕緊許願。先不說有沒有道理，就當今的生活環境而言，能看到流星也算是一件蠻「奢侈」的事情了。一是由於「糟糕」的天空狀況，高樓大廈的夜景早就遮掩了那微不足道的星光了；二是現代人生活步調緊湊，還有多少人，哪怕是駐足一分鐘抬頭看天空，去找一下流星，欣賞一下美麗的大自然呢？

不過，我勸你還真的要時不時地去「奢侈」一下。城市的夜景很美，那伴隨著人類多少的辛勞和酸甜苦辣呀；流星的光很微弱，那是自然的激發和真情的釋放，都值得欣賞。進步的文明帶來新時代，可我們也需要時不時地停下來，看著劃過夜空的流星，思索一下自我，思索一下社會，思索一下人生……相信你讀完本書，就會找點空間、找點時間，去大自然「奢侈」一下。

1.1　流星的傳說

天上一顆耀眼的流星劃過（圖 1.1），你的朋友會馬上提醒你：許個願吧！流星會把你的願望帶給天神，流星會把你的祝福帶給你心愛的人，因為流星是天神派到大地的使者。

流星真的能幫人實現願望嗎？如果說這只是人們美好的幻想，這只能產生心理安慰的作用。可是，流星許願的說法已經流傳了幾千年呀！是不是確有其事呢？查閱國內外的相關資料，並沒有找到很具體、直接的有關「流星許願」的說法，這裡，我們只能根據古人的一些傳說去猜想一二。

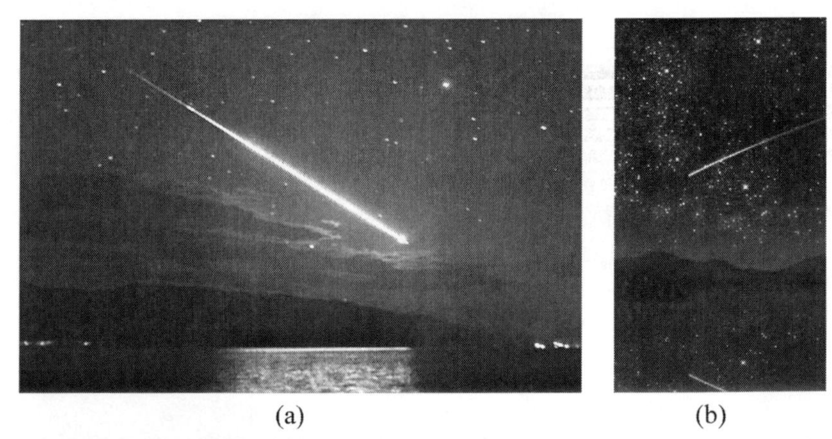

(a)　(b)

圖 1.1　每天肉眼能見的，像 (a) 圖那樣一閃而過的流星，全球一小時有 5 萬顆；(b) 這顆比較特殊，它劃過了尼斯湖的上空

1.1.1　天神的使者

在古代中國，流星是天神的使者，有句話就叫「快步流

星」。這大約是由於流星代表了一種「（快速的）時間經過」，即從出現到消失的時間甚為短促；唯其短暫，且形態、軌跡各異，光澤、色彩多變，方才顯示出它的「神祕」意義，才配得上做天神的神祕使者。

中國古代的大占星家李淳風說過：「流星者，天皇之使，五行之散精也。飛行列宿，告示休咎。若星大使大（星大則其所負『告示休咎』之使命亦大），星小使小。星大則事大而害深，星小則事小而禍淺。」中國的哲學思維，以及事物的基本組成，都來源於陰陽演化出的「五行」。而五行的具體代表就是天上的五大行星，它們的出沒和運行揭示了人世間的吉凶禍福。那麼，怎麼「通知」地上的人們呢？流星呀，它很快、很及時，帶著五行的「警示」，飛躍各個星宿，向人們傳達上天的懿旨。至於為什麼說「星大則事大而害深，星小則事小而禍淺」。是因為古人一直把流星、彗星之類的快速運動的天體看成「災星」吧。

1.1.2　改變命運

流星一詞在英文中有3種說法：shooting star、falling star和meteor。Meteor一般用在天文學，比如流星雨就是meteor shower。

「Falling star」則有點「日薄西山（圖1.2）」的意思，中國人看到「流星」想到的是生命的稍縱即逝，由盛轉衰，看來外國人也如此想，看到流星許個願，這個願就能圓，是想改變自己的命運吧？

有落下才會有升起，當流星落下的最後時刻，我們說出願望，這個願望就會跟著升起來的那道「希望之光」被帶到天上去。據說，「日薄西山」的後一句是「來日方長」。來日方長譯成英文是：The coming days would be long，這個太直白了，不夠「文青」；喜歡這樣譯：There will be ample time；或者下面這句最能表達我們的意思：Tomorrow is another day。

(a)　(b)

圖 1.2　(a) 日薄西山；(b) 月缺月圓

「Shooting star」就是在明確地表達我們會有不一樣的一天，會有不一樣的情況發生！「Shooting star」和「falling star」差不多，都表示「流星」的意思，但它是從「射擊明星」轉化過來的，也有「break into another world」（衝進新世界，圖 1.3）或者「sparkling」（耀眼）這種積極的含義，看來是在主動期待改變自己的命運。「耀眼」就有「宣告」的意思，所以，看到流星我們要大聲地把願望「宣告」出來！

圖 1.3 衝進新世界，就像超新星爆發，有「死」才有「生」

1.1.3 現在進行時

根據古老的說法：一顆星墜落就必須有一份靈魂補上去。人死了，靈魂就升天，升天時也就把你的願望帶給上天了。流星總是偶然經過的，把長久放在心裡的夢想在那電光石火的一瞬間告慰上天（圖 1.4），這樣的願望，才有最終實現的可能。流星是撞入大氣的星星，是「現在進行式」；滿天星光，不過是遠古的星星的影子，是「過去式」，現在的願望當然要請「現在進行式」的流星來幫忙了。

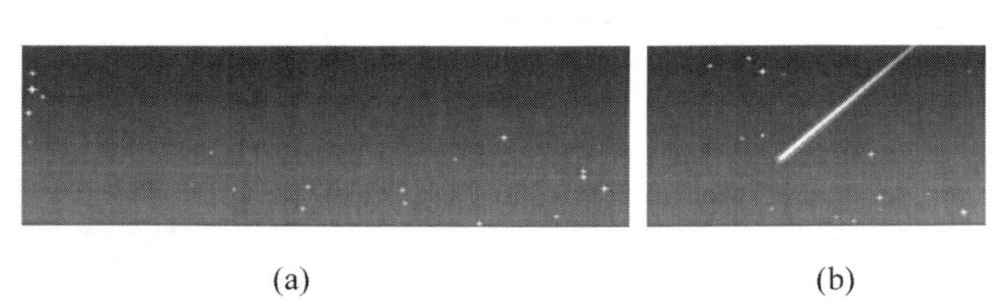

(a) (b)

圖 1.4 (a) 滿天的星斗；(b) 流星

所以一定要去看流星，對著它把自己內心的心願唸叨 3 遍以上！

1.2　流星

流星是太陽系中行星際空間的塵粒和固體塊（流星體）闖入地球大氣圈，與大氣摩擦燃燒產生的光跡。

流星一詞來自希臘語「meteoron」，意思是「天空現象」。指的是我們看到流星體劃過時留下的光帶。一旦流星體與地球相撞，流星體就會與大氣摩擦產生一道光跡，如果沒燃燒完，落到地面的流星體就成了隕石（石）。

1.2.1　流星與隕石

流星體的質量普遍很小，比如產生 5 等亮度流星的流星體直徑約 0.5 公分，質量約為 0.06mg。大多數我們看見的流星體直徑在 0.1 ～ 1 公分之間。當地球穿越它們的軌道時，這些顆粒就會進入地球大氣層。由於它們與地球的相對運動速度很高，達到 12 ～ 72km/s，這是（42±30） km/s 的計算結果（流星體速度 ± 地球公轉速度），與大氣分子發生劇烈摩擦而燃燒發光，在夜間天空中表現為一條光跡。若它們在大氣中未燃燒盡，落到地面後就稱為「隕石」或「隕石」。

流星有單個流星、火流星、流星雨（圖 1.5）幾種。單個流星的出現時間和方向沒有什麼規律，又叫偶發流星。

(a) (b)

圖 1.5 流星雨 (a) 和火流星 (b)

在各種流星現象中，最美麗、最壯觀的要屬流星雨現象。當它出現時，千萬顆流星像一條條閃光的絲帶，從天空中某一點（輻射點）輻射出來。流星雨以輻射點所在的星座命名，如仙女座流星雨、獅子座流星雨等。歷史上出現過許多次著名的流星雨：天琴座流星雨、寶瓶座流星雨、獅子座流星雨、仙女座流星雨……

中國在西元前 687 年就記錄到天琴座流星雨，「夜中星隕如雨」，這是世界上最早的關於流星雨的記載（圖 1.6）。流星雨的出現是有規律的，它們往往在每年大致相同的日子裡出現，因此它們又被稱為「週期性流星雨」。

(a)　(b)

圖 1.6　獅子座流星雨從「輻射點」中噴出 (a)，中國古代記載於甲骨文上的天琴座流星雨 (b)

未燒盡的流星體降落在地面上，稱為隕石。根據隕石本身所含的化學成分的不同，我們大致把它們分為三種類型：

(1) 鐵隕石，也叫隕鐵，它的主要成分是鐵和鎳；

(2) 石鐵隕石，也叫隕鐵石，這類隕石較少，其中鐵鎳與矽酸鹽大致各占一半；

(3) 石隕石，也叫隕石，主要成分是矽酸鹽，這種隕石的數目最多。

隕石包含著豐富的太陽系天體演化形成的早期資訊，對它們的實驗分析將有助於探求太陽系演化的奧祕。隕石是由地球上已知的化學元素組成的，在一些隕石中找到了水和多種有機物。這成為「是隕石將生命的種子傳播到地球的」這一生命起源假說的一個依據。透過對隕石中各種元素的同位素含量測定，可以推算出隕石的年齡，從而推算太陽系開始形成的時期。隕石可能是小行星、（矮）行星、大的衛星或彗星分裂後產生的碎塊，也可能其本身就是太陽系的一種早期成分（比如星子），它能為我們帶來這些天體的原始訊息。著名的隕石有中國吉林隕石（圖 1.7（a））、中國新疆大隕鐵、美國巴林傑隕石（圖 1.7（b））、澳洲默奇森碳質隕石等。

(a)

(b)

圖 1.7　1976 年中國吉林隕石及其落下時砸出的深坑 (a)，收集到的隕石總質量達 2t；(b) 美國的巴林傑隕石坑

1.2.2　流星故事

每天，大約有 40 億個流星體落向地球（看看月球背面的「麻子臉」）。不用擔心，我們前面說過，多數流星體體積非常小。

為保護國際太空站正常運行（在預計 20 年的使用壽命期間會與 10 萬個流星體相撞），國際太空站外圍覆蓋了一層由克維拉纖維製成的厚達 30 公分的「毯子」，克維拉纖維是過去用於製造防彈衣的材料。

隕石撞擊據說是造成數百起（天外）傷害事件的罪魁禍首，最早得到科學家證實的一起發生在 1954 年，美國阿拉巴馬州的安妮被一塊重約 3.6kg 的隕石擊中，當時這塊隕石穿過她家的屋頂，從收音機上彈了下來，砸在她的屁股上。安妮當時正在睡午覺。

1985 年刊登在《自然》（Nature）雜誌上的一項研究估計，隕石撞擊地球且砸中人的機率為每年 0.0055%，或是每 180 年發生一起這樣的事件。由於安妮已充當了一次活靶子，所以，我們所有人可以高枕無憂地再度過 110 多年啦。

沒有得到科學家證實的「事件」有很多。

1616 年中國曾被隕石砸死數人；1511 年在義大利米拉諾砸死一人；1647 年在日本開往義大利的船上，兩名水手被砸死；1950 年，美國的一位婦女被穿屋落下來的一塊 4.5kg 重的隕石碎片擊傷左腹。

發生在 21 世紀最早的一次是 2004 年，據英國《衛報》（The Guardian）報導，一位年近八旬的英國老太太有幸成為英國被隕石「親密接觸」過的第一人。隕石來這位老人家做客時，她正在自己的小花園裡擺弄花花草草，忙得不亦樂乎。忽然她看見一個黑漆漆的東西直衝她飛來，霎時，她的手臂一陣發麻，低頭看去原來手臂上已經有一條又長又深的傷口。老太太驚叫起來，她的驚叫聲引來了正在讀報紙的丈夫傑克。傑克急忙為老伴包紮傷口，並在花園的草坪上抓出了「罪魁禍首」。原來是一塊胡桃大小的棕色石塊傷了自己的妻子。但傑克覺得這不像是一塊普通的石頭，找人鑑定了一下，才知道這塊金屬樣的石頭就是「隕石」。接著老太太便成了 21 世紀英國首位被「隕石王子」親吻過的女人。其實這位英國老太太已經是非常幸運的了，只是被劃傷而已。世界上人和動物被隕石傷及性命的事情有多例，最近一次發生在埃及，受害者是一隻可愛的小狗，據說是被擊中頭部不治而亡。

最著名的隕石撞擊（地球）事件就是「通古斯事件」和小行星撞擊地球引發恐龍滅絕。

通古斯事件

1908 年 6 月 30 日早晨，一個來自太空的巨大物體以極高的速度衝進了地球大氣層，在西伯利亞通古斯河流域一個人煙稀少的沼澤深林區的上空爆炸（圖 1.8）。主要由於它體積很大、速度很快，所以與空氣摩擦劇烈，使其還沒墜落地面就爆炸了。爆炸發出震耳欲聾的轟響，強大的衝擊波掀倒焚燒了方圓 60 公里範圍的杉樹，巨大的火柱沖天而起，又黑又濃的蘑菇雲升騰到 20 多公里的高空，大火一直燃燒了好幾天。

(a)　(b)

圖 1.8　一顆足夠大的隕石衝入大氣層爆炸（a），衝擊波造成了林木的「放射性」倒伏（b）

小行星撞擊地球引發恐龍滅絕

在大約 6,500 萬年前，由於小行星或彗星撞擊地球，導致了火山噴發和氣候變化，最終造成了恐龍滅絕。人們在墨西哥的猶加敦半島附近發現了這個巨大的幾乎全部在水下的隕石坑（圖 1.9），它似乎為這一理論提供了完美的證據。

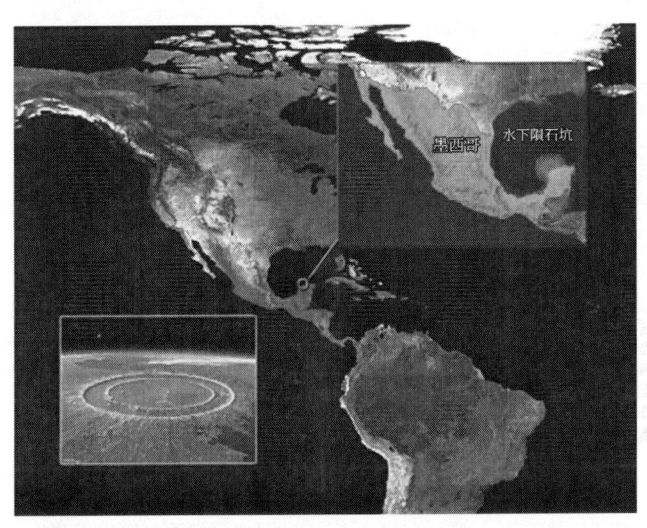

圖 1.9　位於墨西哥的猶加敦半島海底的巨大的隕石坑

雖然現在許多科學家對小行星撞擊造成恐龍滅絕提出質疑，但是，小行星撞擊地球時引起的巨大的塵埃雲和火山，比平時更劇烈爆發產生的火山灰，會嚴重遮擋陽光照射，從而造成地球表面溫度急遽下降，很多生物無法適應如此巨大的環境變化會走向滅絕之路。

英國科學家根據他們的研究推測，如果恐龍的生理結構類似於當今的爬行類動物的話，那麼 6,500 萬年前，由於小行星撞擊地球，地球的環境發生了巨大變化，恐龍後代的性別大受溫度影響，會出現嚴重的性別失調現象，雌性恐龍越來越少，以至恐龍家族漸漸無法繼續繁衍。

在動物王國中，脊椎動物的性別就是在受精的一剎那由父母雙方的染色體決定的，如果一條 X 染色體遇到了一條 Y 染色體，那麼下一代性別就是雄性；如果兩條 X 染色體相遇，那麼下一代性別則為雌性。哺乳動物、鳥類、蛇類以及爬行動物中的蜥蜴，後代性別都是如此確定的。然而，由於生理構造和新陳代謝不同，大多數卵生爬行動物後代性別的確定方式非常獨特，牠們受孵化時巢穴溫度的影響，海龜和鱷魚就是其中的典型代表，即便牠們在同一巢穴中生下上下兩層蛋，由於溫度不同，孵出的幼體性別就會不同。

英國專家進行了相關的研究，他們認為恐龍的生理構造與當今的卵生爬行動物頗為相似，由此推測出恐龍後代的性別很可能也會隨著溫度的變化而受到影響，並提出寒冷天氣狀況會導致恐龍家族多添雄性寶寶，這極可能是導致恐龍覆滅的重要原因。

目前，科學界有一種比較統一的說法：在 6,500 萬年前，一顆直徑達 10 公里的小行星曾與地球相撞，導致許多恐龍和其他古生物死亡。碰撞使得大量塵埃漫天飛舞，還令火山運動更加頻繁，導致大氣中的火山灰增多，因而地球上一度烏雲密布，罕見陽光，地球表面的溫度隨之急遽下降。

許多恐龍死於撞擊或者是烈火和毒氣，倖存下來的恐龍在這樣的條件下繼續生存繁衍，但是由於天氣寒冷，恐龍媽媽孵出的大多是雄性小恐龍，這使恐龍世界雌雄比例嚴重失調，隨著雌性恐龍的逐漸減少，恐龍家族也就走向了滅亡。

英國專家給出的報告說：「在 6,500 萬年前，地球上的生命並沒有全部滅亡，當時的溫度發生了極大的變化，但是那些龐然大物（指恐龍）的遺傳系統並沒有改變，所以無法適應環境，以至恐龍家族性別失調。」

也有人指出，早在小行星撞擊地球之前，海龜和鱷魚已經出現在地球上了，牠們又是如何逃過這場劫難，順利繁衍到現在的呢？

專家們近日也對此做出了解釋。有科學家在論文中寫道：「這些動物（指海龜和鱷魚）一直生活在水陸交界地帶，諸如河床和淺水窪裡，這些地方的環境變化相對較小，再加上牠們的個體也普遍較小，因而牠們有較為充裕的時間去適應環境的變化。」用一句古語來講就是「船小好調頭」。

以往恐龍滅絕說

(1) 「**氣候大變動論**」：持這種說法的科學家認為白堊紀晚期的造山運動，引起氣候的劇烈變化，許多植物枯死，食用植物的恐龍因此死去。食肉類的恐龍跟著也由於食物短缺滅絕。

(2) 「**疾病論**」：美國的病理學權威認為在地球上恐龍這一物種發展到最鼎盛的時候，一場類似於人類目前面臨的愛滋病一樣的神祕病毒或者瘟疫突然席捲了整個地球，使這一稱霸地球長達 1.5 億年的物種滅絕。

(3) 「**地磁移動論**」：以美國凱尼恩學院為代表的學者提出，地球磁極的極圈曾多次發生移動，每次移動都導致自然環境發生巨大變化，恐龍難逃絕種之劫。

(4)「**便祕論**」**：**持這種觀點的人認為，食草類恐龍的食物以蘇鐵、羊齒等植物為主，後來這類植物滅絕，所以恐龍們不得不改食桑樹等植物，造成便祕，食而不化而死亡。

(5)「**種族老化論**」**和**「**哺乳類競爭論**」**：**持這兩種觀點的人認為，在生存競爭中，哺乳類動物無論在繁衍後代，還是在獲取食物、適應環境等方面都要優於爬行類動物。「後來者」哺乳類不但與恐龍爭食，而且把恐龍蛋吃光了，使恐龍絕後。

那麼，現在還有小行星或其他小天體來撞擊地球嗎？可以說，每天都有，而且很多！不過，它們都很小，基本上都被地球的大氣層「消化」掉了。而且，萬一有足夠大的天體來襲擊地球，我們也是有辦法對付的，具體想法、措施我們會在 2.3 節「『危險的』天外來客」中討論。

實際上，太陽誕生 50 億年了，已經步入了「中年期」。地球也已經 46 億歲了，可以說早就進入了「成熟期」。對於類似的「危機」早就「司空見慣」了。而且，相比較年輕時地球所遭遇的天文學家稱之為「後期重轟炸」的小行星轟擊，現在的隕石撞擊真的可以說是小巫見大巫啦！

你可能會有疑問，這麼漂亮的地球真的發生過「後期重轟炸」的小行星轟擊過程嗎？看看下面這張圖吧（圖 1.10），可以稱之為月球的「證件照」，能明顯地看出月球面對我們的一面，和背對我們的一面之間的差異。我們知道月球比較「害羞」，它總是同個面朝著地球的。

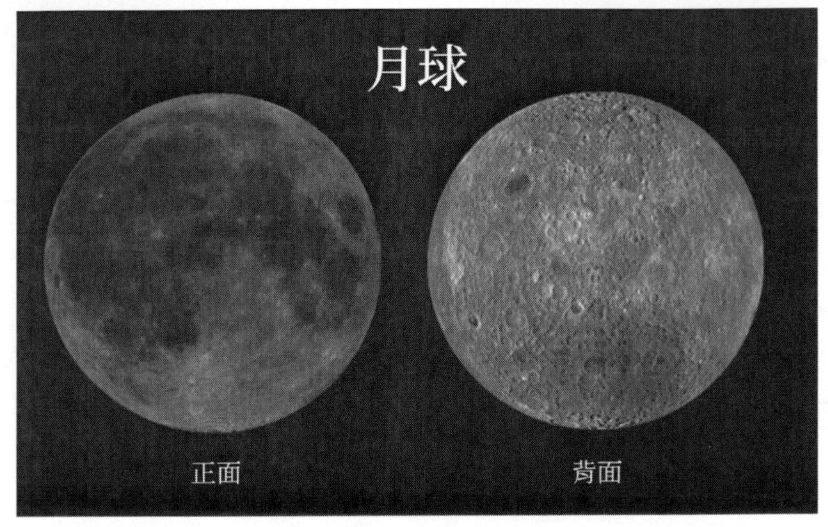

圖 1.10　月球正、背面比較，背面有明顯的「麻子臉」

造成這種差異的「罪魁禍首」就是「後期重轟炸」的那些小行星們！你可能會接著問，地球沒有這樣的「麻子臉」呀？是的，現在沒有了，那是被地球演化後期的火山爆發、板塊運動造成的地表變化、海洋和大氣的沖刷「抹平」了。經測算，大轟炸從 38 億年前開始，大約持續了 10 億年左右，從月球隕石坑形成的頻率來看，大轟炸對那時剛剛形成的地球表面，造成了數十萬個撞擊坑：

- 直徑超過 20 公里的撞擊坑 $\geq$ 22,000 個；
- 直徑約 1,000 公里的撞擊盆地 $\geq$ 240 個；
- 直徑約 5,000 公里的撞擊盆地 $\leq$ 10 個。

當然，「抹平」這些深坑，最大的原因還是由於地球早期基本上處於一種「熔融」態，可以造成地表翻天覆地的變化。地球上也有間接的「證據」存在，那就是在地球上我們找不到比大轟炸時期更早形成的岩石。而在這之後，月亮形成了，它就成了地球抵禦小天體轟炸的「擋箭牌」。

1.3　漂亮的流星雨

天文觀測中，尤其是對眾多的業餘天文愛好者來說，流星雨恐怕是最漂亮、最壯觀的天文現象了。相比深空中燦爛的星雲，它是動態的；相對於動態的極光（只有極地可見），它又是全世界隨處可見的。你還可以準備好許多「小紙條」去對流星（雨）許願，如果你足夠幸運，可能還會帶若干顆隕石回家……所以，流星雨——絕對值得關注！

1.3.1　流星雨的形成

流星雨的產生，一般認為是由於流星體（群）闖入地球大氣層與地球大氣相摩擦的結果。流星體群往往是由彗星噴出的物質或分裂的碎片產生（圖 1.11），也有可能是小行星帶上的小行星分裂的結果。由於太陽的引力作用，噴出的（或者分裂之後的）物質依然會在彗星或小行星軌道上運行。因此，當彗星的軌道與地球軌道相交時，這些流星體（群）就會成群地「衝入」地球大氣層，從而形成流星雨。

流星雨看起來像是流星從夜空中的一點迸發並墜落下來，這一點或這一小塊天區叫做流星雨的輻射點。通常以流星雨輻射點所在天區的星座幫流星雨命名，以區別來自不同方向的流星雨。例如每年 11 月 17 日前後出現的流星雨輻射點在獅子座中，就被命名為獅子座流星雨。獵戶座流星雨、天琴座流星雨、英仙座流星雨也是這樣命名的。單個出現的偶發流星，在方向和時間上都是隨機的，也就無輻射點可言。這樣，與偶發流星有著本質不同的流星雨的重要特徵之一，就是所有流星的反向延長線都相交於輻射點（圖 1.12）。成團的流星體衝入地球大氣層時，厚厚的大氣造成了凹透鏡般的效果。

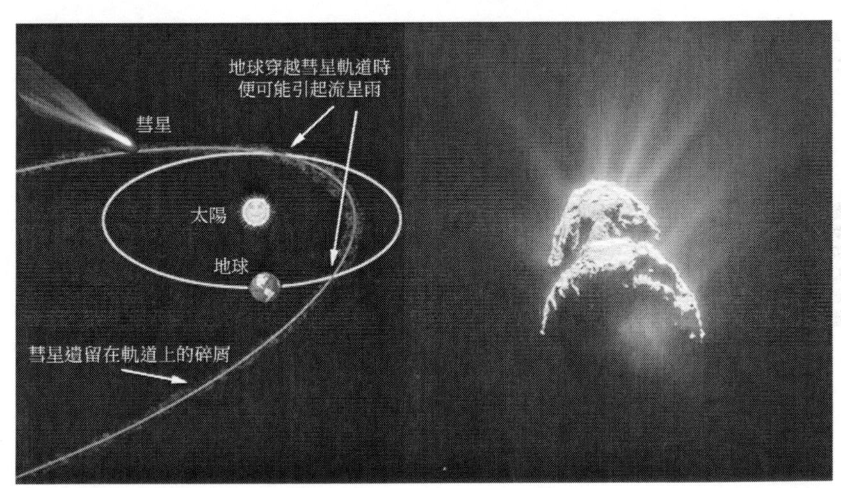

圖 1.11　彗星遺留的物質會散布在它原來的軌道上，當它們與地球軌道相交時就會形成流星雨 (a)，正在噴出物質的彗星核 (b)

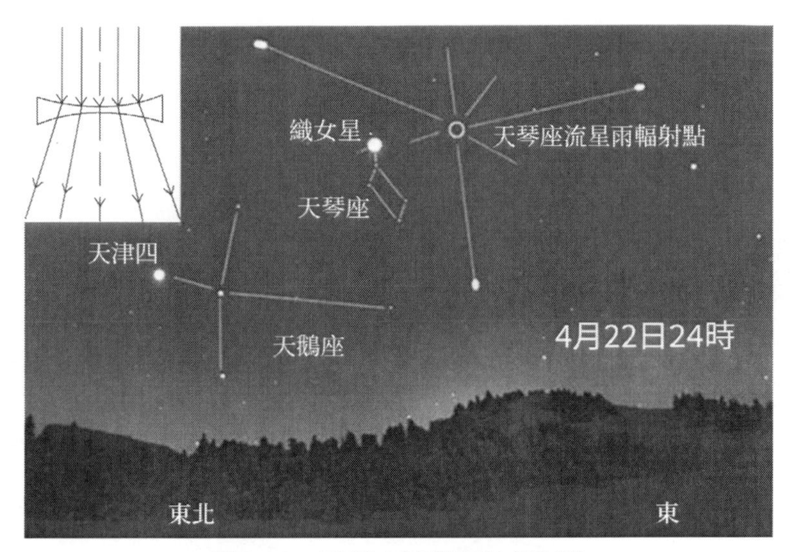

圖 1.12　天琴座流星雨的輻射點

世界上最早關於流星雨的記載是中國關於天琴座流星雨的記載：「夜中星隕如雨。」《左傳》的記載，魯莊公七年「夏四月辛卯夜，恆星不見，夜中星隕如雨」。更早的古書《竹書紀年》中寫道：「夏帝癸十五年，夜中星隕如雨。」

中國古代關於流星雨的紀錄，大約有 180 次之多。其中天琴座流星雨紀錄大約有 9 次，英仙座流星雨紀錄大約 12 次，獅子座流星雨紀錄有 7 次。這些紀錄，對於研究流星群軌道的演變，是很重要的資料。

每個流星雨的規模大不相同。有的在一小時中只出現幾顆流星，但它們看起來都是從同一個輻射點「流出」的，因此也屬於流星雨的範圍；有的在短短的時間裡，從同一輻射點中能迸發出成千上萬顆流星，就像節日中人們燃放的煙火那樣壯觀。當流星雨的每小時天頂每時出現率（ZHR, zenithal hourly rate）超過 1,000 時，稱為「流星暴」。

流星雨出現的場面，中國古代的紀錄也很精彩。南北朝時期劉宋孝武帝時，一次天琴座流星雨的記錄是這樣的：「大明五年……三月，月掩軒轅。……有流星數千萬，或長或短，或大或小，並西行，至曉而止。」（《宋書‧天文志》）這是在西元 461 年。當然，這裡的所謂「數千萬」並非準確的數字，而是「數量極多」的泛稱。

而英仙座流星雨出現時的情景，從古紀錄上看來，也令人難以忘懷：「開元二年五月乙卯晦，有星西北流，或如甕，或如斗，貫北極，小者不可勝數，天星盡搖，至曙乃止。」（《新唐書‧天文志》）開元二年是西元 714 年。

不同的流星雨中，流星落下的速度有快有慢。就像我們前面描述的是在 12 ～ 72km/s。不過，作為欣賞性的觀測，一般我們把流星（雨）的速度大致區分為：快速、中速和慢速三種。

流星（雨）通常是有顏色的，一個流星的顏色是流星體的化學成分及（摩擦）反應溫度的展現：鈉原子發出橘黃色的光，鐵為黃綠色，鎂是藍綠色，鈣為紫色，矽是紅色。流星的顏色以紅色、綠色和白色居多。

流星（雨）通常不會發出可以聽見的聲音。如果你沒有看到它的話，它就會悄無聲息地一掃而過。對於非常亮的流星，有可能聽到它的聲音。這些聲響主要集中在低頻波段。一般的火流星，更容易聽到聲音。而且，火流星還會在它的軌道上留下一條持久的餘跡。

餘跡主體顏色多為綠色，是中性的氧原子發光。持續時間通常為 1 ～ 10 秒，亮度會迅速下降。這些亮光來自熾熱空氣和流星體中的金屬原子。

怎樣觀測流星雨

流星雨地域性不強，有時半個地球都可以看到。一般需要知道其輻射點所在位置，輻射點位於天頂附近最好，位於地平線以下 ZHR 值則要大打折扣。

流星雨可能持續數天，極大時間的預報很難做到準確，一般最多精確到小時。預報的極大的 ZHR 只是理論計算值，實際上由於各種因素所能觀測到的數量，一般是預測數量的 10% ～ 20%，因此期望不要太高；所謂觀測流星雨的理想條件，是指天空非常晴朗，大氣透明度非常好，天空完全黑暗，沒有任何人為的光害，沒有月亮等。

流星雨的觀測應直接用肉眼，不需要用望遠鏡，因為流星雨的觀測需要大的視野，人眼的視野超過 100 度，而普通望遠鏡只有幾度，用望遠鏡反而不易看到。

所有流星雨都不是只在某個時刻才能看到的，而往往是連續好幾天甚至一個月都能觀測。但是大多數時候流數量都很少，只在一個相對很小的時間段裡才會有大量的流星出現，這時我們稱之為該流星雨的極大期；而爆發主要是針對一些週期性流星雨而言的，它們在大多數年分裡，就算處在極大期時數量也很少，但在某幾年卻有可能出現數量特別高的極大期，這就是爆發。

ZHR 只是象徵流星雨大小的一個指標量，指在理想觀測條件下，流星雨的輻射點位於頭頂正上方時，每小時能看到的流星數量。如果目視極限星等到不了 6.5 等，或者輻射點不在頭頂，能看到的流星數量都會減少。

還有，ZHR 是理論預測的結果，所以和實際出現的情況，有可能會差距巨大。某日預報有流星雨，也可能由於天氣等原因，數量很小基本看不到；當然，也不排除「天上掉餡餅」的可能，也就是出現的流星雨數目遠大於預報值。什麼樣的流星雨「值得」天文愛好者去熬夜呢？比如，翻閱 2006 年的某本與天文相關的書刊，能看到有 31 個流星雨的預報。其中有 18 個的 ZHR 都小於 10 ！這樣的流星雨就算在極大時，在理想觀測條件下每小時也只能看到幾顆，觀測條件一旦稍差就有可能一顆都看不到，顯然不大容易被觀測；另有 5 個數量很不穩定，極難預測，大多數年分 ZHR 可能也是不到 10，但突然遇上爆發有可能到幾十甚至數百，天文工作者比較喜歡監測這種沒有標準的事情，但對普通愛好者來說觀測難度較大；還有 4 個流星雨 ZHR 在 20 ～ 100 之間，這樣的流星雨就比較值得專業天文愛好者觀測了。剩下的 4 個中，獅子座流星雨比較特殊，我們後面單獨詳述。這樣就還剩下 3 大 ZHR 比較穩定且能上百的流星雨：1 月初的象限儀座流星雨、8 月中旬的英仙座流星雨和 12 月中旬的雙子座流星雨，這些才是普通愛好者每年值得觀測的流星雨。

流星雨的出現通常是下半夜的流星比上半夜多一些（圖 1.13），因為，上半夜時我們處在地球公轉方向的背面，凌晨時我們處在地球公轉方向的正面，流星體會更多地迎向我們。所以，通宵觀測流星雨是家常便飯。這就要提醒愛好者，注意保持體力和防潮、保暖，並注意安全。

圖 1.13　後半夜會看到更多的流星

1.3.2　十大流星雨

流星體的主要來源是彗星——彗星的分裂以及彗星噴出的彗尾物質。彗星主要由冰和塵埃組成，當彗星逐漸靠近太陽時，冰會被汽化，使塵埃顆粒像噴泉一樣從彗星母體噴出。但大顆粒仍保留在母彗星的周圍形成塵埃彗頭；小顆粒則被太陽的輻射壓力吹散，形成彗尾。

這些位於彗星軌道的塵埃顆粒被稱為「流星群體」。當流星體顆粒剛從彗星噴出時，它們的分布是比較集中的。由於大行星引力作用，這些顆粒便逐漸散布於整個彗星軌道。在地球穿過流星體群時，各種形式的流星雨就有可能發生了。每年地球都穿過許多彗星的軌道，如果軌道上存在流星體顆粒，便會發生週期性流星雨。

下面介紹最著名的十大流星雨。

獅子座流星雨

獅子座流星雨（圖 1.14）在每年的 11 月 14 ～ 21 日左右出現。一般來說，流星的數目為每小時 10 ～ 15 顆，但平均每 33 ～ 34 年獅子座流星雨會出現一次高峰，流星數目可超過每小時數千顆。這個現象與坦普爾—塔特爾彗星的週期有關。獅子座流星雨的輻射點位於獅子座 ζ 星附近，因而得名。獅子座流星雨被稱為流星雨之王，我們後面將詳細介紹。

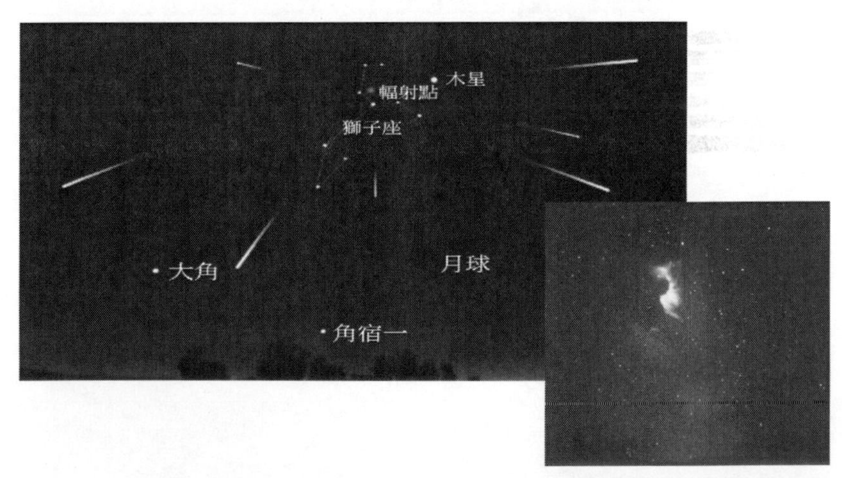

圖 1.14　獅子座流星雨（2014 年）輻射點和出現的火流星痕跡（右下）

雙子座流星雨

雙子座流星雨在每年的 12 月 13 ～ 14 日左右出現，最高潮時流量可以達到每小時 120 顆，且流量極大的持續時間比較長。雙子座流星雨源自小行星 1983TB，該小行星由紅外天文衛星（infrared astronomical satellite, IRAS）在 1983 年發現，科學家判斷其可能是「燃盡」的小行星遺骸。雙子座流星雨輻射點位於雙子座 β 星處，是著名的週期性流星雨。由於雙子座是冬天的星座，會在 12 月的上半夜升起，所以，對於一般的愛好者來說，比較方便觀賞。而且，這個流星雨的輻射點還會跟隨地球公轉，隨著時間移動（圖 1.15），會為觀測者帶來新鮮感。

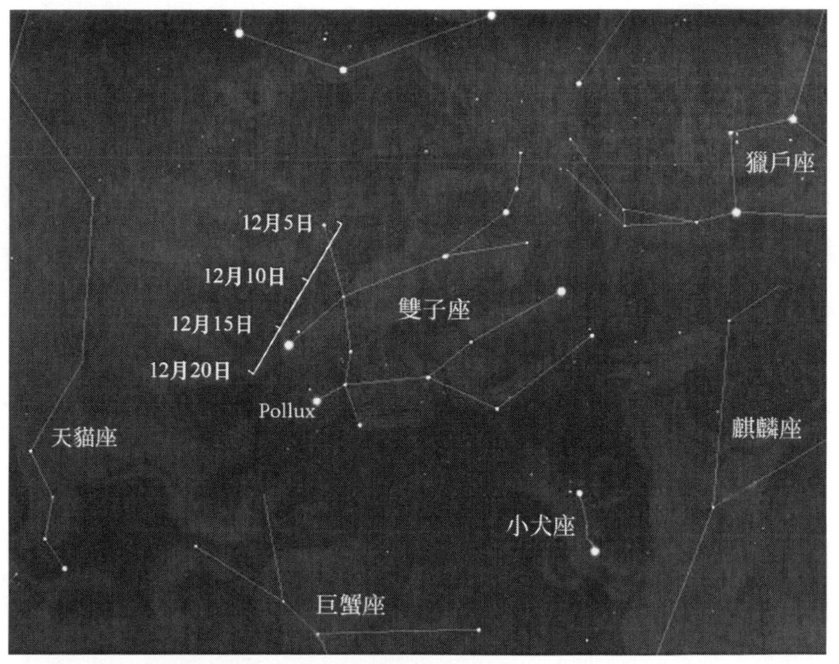

圖 1.15 雙子座流星雨輻射點的移動路徑

英仙座流星雨

英仙座流星雨（圖 1.16）每年固定在 7 月 17 日～ 8 月 24 日這段時間出現，它不但數量多，而且幾乎從來沒有在夏季星空中缺席過，是最適合非專業流星觀測者的流星雨。而且，它出現的時間是在放暑假期間，最方便學生們觀測。為年度三大流星雨（英仙、雙子、象限儀座）之一。斯威夫特－塔特爾彗星是英仙座流星雨之母，1992 年該彗星通過近日點前後時，英仙座流星雨大放異彩，流星數目達到每小時 400 顆以上。

獵戶座流星雨

獵戶座流星雨有兩種，輻射點在參宿四附近的流星雨通常在 11 月 20 日左右出現；輻射點在 ν 附近的流星雨（圖 1.17）則發生於 10 月 15 日～ 10 月 30 日，極大日在 10 月 21 日，我們常說的獵戶座流星雨是後者，它是由著名的哈雷彗星造成的，哈雷彗星每 76 年就會回到太陽系的核心區，散布在彗星軌道上的碎片，形成了著名的獵戶座流星雨。這個流星雨比較適合在後半夜欣賞。

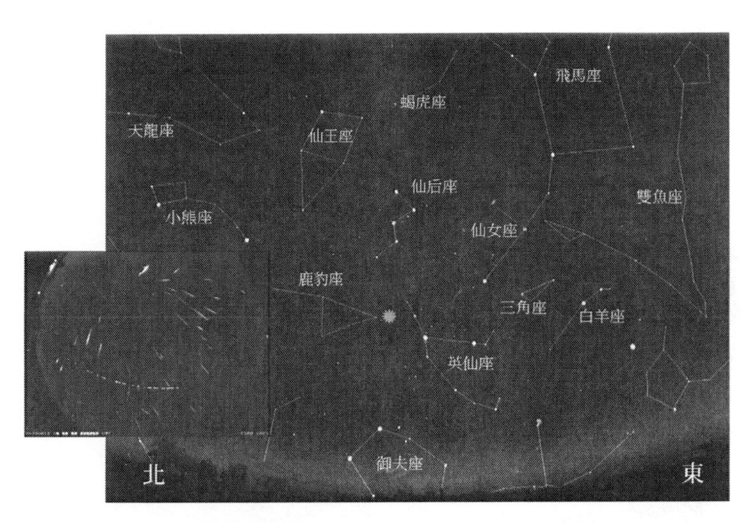

圖 1.16 英仙座流星雨輻射點和愛好者拍到的流星雨照片

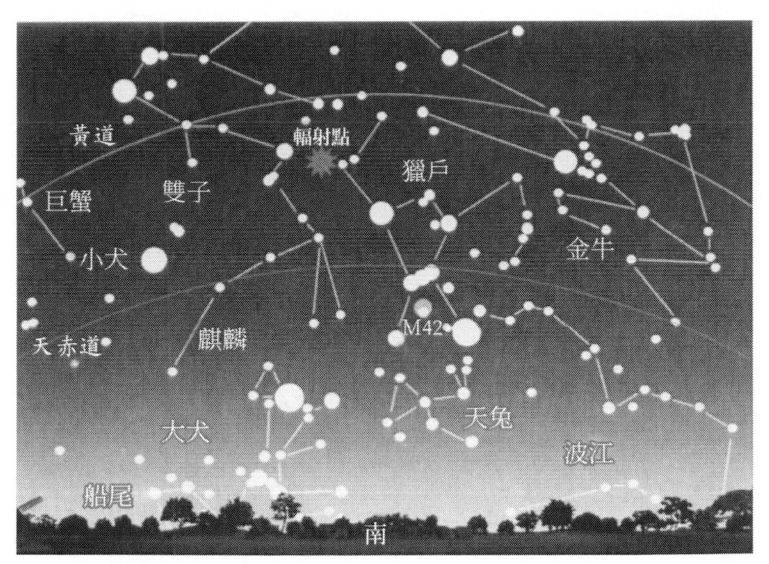

圖 1.17 獵戶座流星雨的輻射點

金牛座流星雨

金牛座流星雨在每年的 10 月 25 日～ 11 月 25 日左右出現，一般 11 月 8 日是其極大日，恩克彗星軌道上的碎片形成了該流星雨，極大日時平均每小時可觀測到五顆流星曳空而過，雖然其流量不大，但由於其週期穩定，所以也是許多天文愛好者熱衷的對象之一。金牛座流星雨雖然不是很壯觀，但它分為「南群」和「北群」（圖 1.18）出現，可以持續觀測很久。

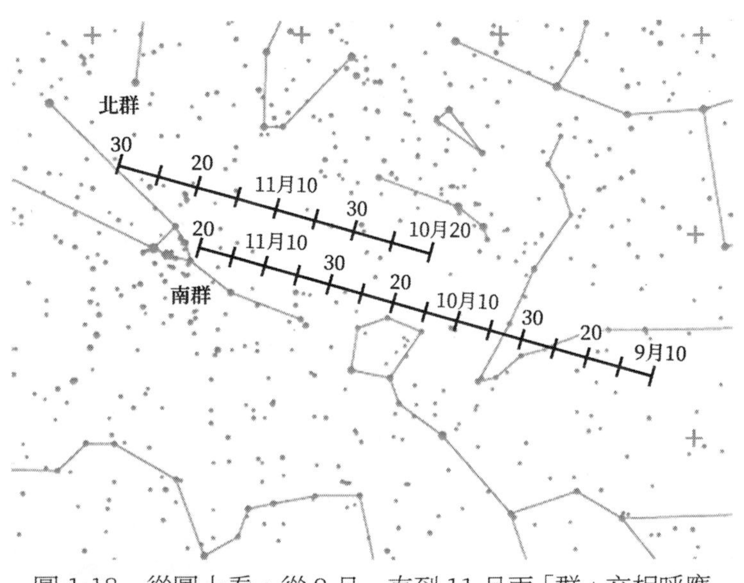

圖 1.18　從圖上看，從 9 月一直到 11 月兩「群」交相呼應

十月天龍座流星雨

十月天龍座流星雨（圖 1.19）在每年的 10 月 6 ～ 10 日出現，極大日是 10 月 8 日，最高時流量可以達到每小時 120 顆，其

極大日通常接近新月，基本上不受月光的影響，為觀測者提供了很好的觀測條件。賈可比尼一秦諾彗星是天龍座流星雨的本源。天龍座的區域屬於恆顯圈，整晚都能看到，很方便愛好者觀測。

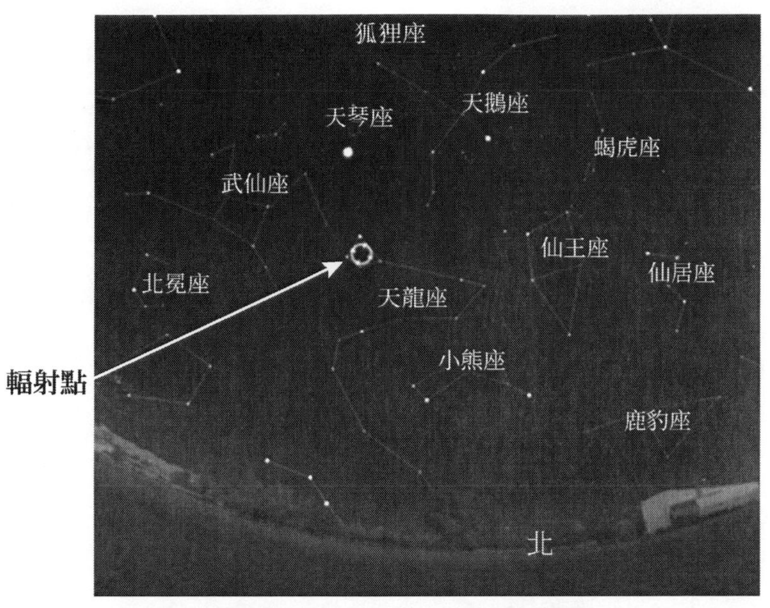

圖 1.19　輻射點在圖中小圓圈的龍頭處

(7) 天琴座流星雨

天琴座流星雨（圖 1.20）通常出現於每年的 4 月 19 ～ 23 日，通常 22 日是極大日。天琴座流星雨可以說是最適合愛好者觀測的流星雨，4 月分的夜晚已經不是很寒冷，晚上 10 點 30 分左右，天琴座會從東北方位升起，而且由於織女星的緣故，也能很容易地找到天琴座。該流星雨是中國古代最早記錄的流星雨，在古代典籍《春秋》中就有對其在西元前 687 年大爆發的生動記載。1861 年大彗星的軌道碎片形成了天琴座流星雨，該流星雨也是有名的週期性流星雨之一。換句話說，它不會「放你鴿子」！

圖 1.20　輻射點就在織女星旁邊

象限儀座流星雨

象限儀座流星雨，每年年初發生。活動期為 1 月 1 ～ 5 日，極大通常在 1 月 3 日左右。極大期的天頂每時出現率每小時為 120，經常在 60 ～ 200 之間變化。流星的速度為 41km/s 屬於中等，亮度較高。類似於十月天龍座流星雨，它位於恆顯圈，所以易於觀測。

象限儀座是一個比較古老的星座，現代星座的劃分中已經沒有這個星座，其位置大致在牧夫座和天龍座之間（圖 1.21），赤緯可達 50°左右。因為其流星雨很特殊，易於觀測，所以象限儀座流星雨的名稱就保留了下來，反而是這個星座被取消了。該流星雨的速度中等，流星亮度較高，分辨象限儀座群內的流星並不難，它們的顏色多有點發紅。

寶瓶座流星雨

寶瓶座流星雨活躍時間是在每年的 4 月 19 日～ 5 月 28 日，高峰期在 5 月 6 日左右。太陽系中圍繞哈雷彗星軌道的一條微粒帶形成了兩個流星雨，其中一個是獵戶座流星雨，另一個就是寶瓶座流星雨（圖 1.22）。寶瓶座流星雨的流星能夠以 20 萬 km/h 的速度飛過天空，是飛行速度最快的流星雨之一。居住在南半球的人們能夠更好地觀測到寶瓶座流星雨，在高峰期，每小時可以觀測到 20 ～ 30 顆流星。居住在北半球的人們能夠觀測到的流星數量只有南半球的一半左右。

鳳凰座流星雨

鳳凰座流星雨（圖 1.23）每年 11 ～ 12 月分出現，輻射點大致位於赤經 15°，赤緯 -52°，極大期為 12 月 5 日。鳳凰座流星雨可能和獅子座流星雨一樣屬於週期性流星群，但其 ZHR 值不穩定，平時一般為 3，但在爆發年分可以達到 100。一般認為鳳凰座流星雨的母體是已經丟失了的週期彗星 D/1819W1。鳳凰座流星雨是在 1956 年首次被南半球的觀測者報告發現，當時 ZHR 值達到 100，這也是鳳凰座流星雨留給人們印象最深刻的一次。之後鳳凰座流星雨除幾次小規模爆發外，ZHR 值一般都為 1 ～ 5。鳳凰座屬於南半球，所以北半球大部分地區難以看到，不過，如果你有機會去南半球，請別忘了它。

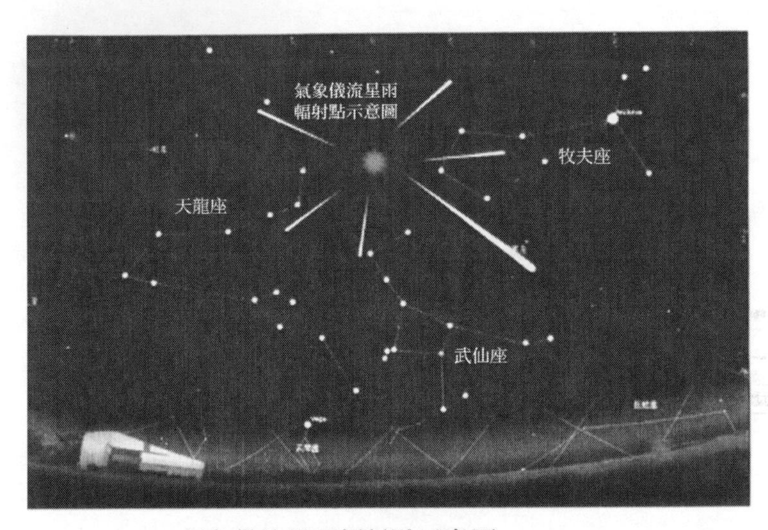

氣象儀流星雨輻射點示意圖

圖 1.21　象限儀座流星雨的輻射點在牧夫座和天龍座之間，武仙座的上面

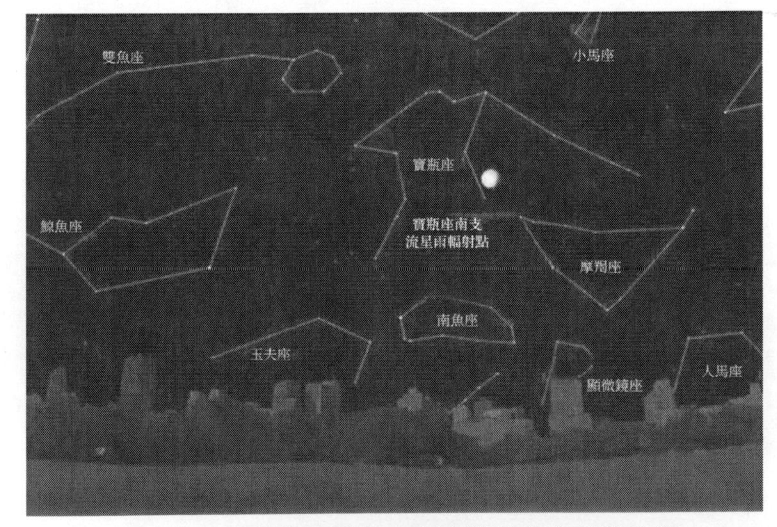

圖 1.22　寶瓶座流星雨會在凌晨的東方天際出現

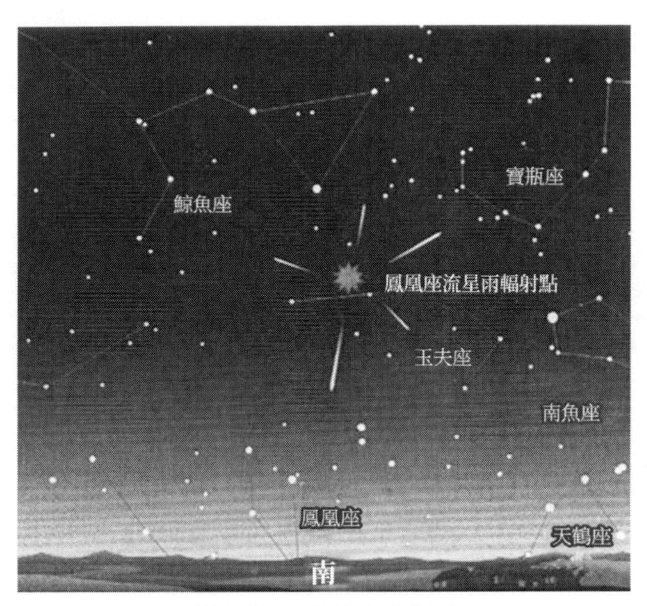

圖 1.23 鳳凰座流星雨

表 1.1 給出全年著名流星雨的可見日期及小時流量，大家可參考觀測。

表 1.1　全年著名流星雨

序號	名稱	可見日期	輻射點		
			赤經	赤緯	附近恆星
1	象限儀座	1 月 2-5 日	230	+49	天龍座 ι
2	天琴座	4 月 22-23 日	271	+33	天琴座 κ
3	寶瓶座	5 月 3-10 日	335	-2	寶瓶座 η
4	牧夫座	6 月 22-30 日	228	+58	天龍座 ι
5	摩羯座 α	7 月 25 日 -8 月 10 日	308	-12	摩羯座 α
6	寶瓶座南	7 月 27 日 -8 月 1 日	339	-16	寶瓶座 δ
7	英仙座	8 月 7-15 日	45	+57	英仙座 γ
8	天鵝座	8 月下旬	287	+50	天鵝座 k
9	御夫座	8 月 30 日 -9 月 4 日	89	+39	御夫座 u
10	天龍座	10 月 8-9 日	262	+54	天龍座 ζ
11	獵戶座	10 月 18-23 日	92	+17	獵戶座 v
12	金牛座	11 月上旬	56	+15	金牛座 λ
13	獅子座	11 月 14-19 日	150	+22	獅子座 γ
14	鳳凰座	12 月 5 日	15	-46	鳳凰座 β
15	雙子座	12 月 11-16 日	111	+33	雙子座 α
16	小熊座	12 月 21-23 日	206	+80	小熊座 β

特徵	小時流量		
	一般	平均	極大
速度中等，亮度較高，紅色。母體彗星：C/1490 Y1	60~200	100	
迅速，亮，有火流星。母體彗星：C/1861 G1	5~25		90
速度中等，路徑長。母體彗星：哈雷彗星	6~18	12	70
緩慢，不固定。母體彗星：7P 彗星	1~2		100
緩慢，母體彗星：1881 V	6~14		
緩慢，兩個輻射點，路徑長。母體彗星：哈雷彗星	15~20		60
迅速，路徑長，亮，黃色。母體彗星：1862 III	30~60		400
迅速，火流星多，亮		5	
緩慢，母體彗星：1911 II		6	10
緩慢，母體彗星：賈可比尼	不定		1,000
迅速，有光跡。母體彗星：哈雷彗星		25	60
緩慢，生光。母體彗星：恩克		5	
迅速，路徑長，青綠色，流星多，每小時最大流量呈 33 年週期。母體彗星：1866 II	10~15		超過 10 萬
緩慢，生光，母體彗星：D/1819 W1	可變	3	100
迅速，路徑短，亮流星很多，白色。母體彗星：小行星 3200 法厄同	10~20		120
緩慢，有色彩。母體彗星：塔特爾		10	

1.3.3　流星雨之王——獅子座流星雨

這個著名的流星雨幾乎是唯一一個能給人真正「星殞如雨」感覺的流星雨（當然天龍座在大爆發時也勉強可以給人這樣的感覺），它在歷史上爆發時曾經達到過 10 萬以上的數量！你可以想像一下，10 萬 /h，1h=3,600s，意味著平均每秒都能看到將近 30 顆流星，並且這個流星雨中火流星很多，那是何其壯觀的場面！不過它的爆發有個簡單的 33 年的週期，也就是說，每過 33 年，我們才有連續的三四次機會目睹這樣的爆發，平常年分這個流星雨的 ZHR 也就 10 ～ 100。

上一次的大爆發預測是在 1999 年前後的 3、4 年間，結果人們從 1998 年監測到 2002 年，情況是這樣的：

1998 年的 ZHR 達到了 400，但比預報提前了一天，大多數人都錯過。

1999 年，天文學家修改了對它的預報模型，更準確地預報了這次流星雨。不過這一年的爆發時刻是臺灣時間 11 月 18 日中午，天文愛好者沒能觀測到精彩的爆發，歐洲方面的觀測顯示 ZHR 達到了 3,700 ！這就已經是很強的流星暴雨了。

2000 年，這個流星雨的 ZHR 又落回到了幾百的量級。

2001 年，天文愛好者苦等了 4 年，終於盼到了一次最好的觀測機會：極大時間在 11 月 18 日晚上，沒有月光干擾。而獅王也沒有讓我們失望，發出了一次真正的怒吼——ZHR 達到了 10,000 以上！所有在 11 月 18 日晚上觀測過這次流星雨的人相信都終生難忘。一位的愛好者是這樣敘述他的觀測過程的：「那晚我沒做別的，一直仰著脖子看流星，同時大聲地說出流星出現的方位、亮度、速度以記錄到錄音機裡。我的嗓子一刻都沒有休息的機會，因為流星不斷地出現，各式各樣的火流星，有時幾顆一起出現，有些顏色是綠色的，有些能劃過整個天空落入地平線，有些出現以後還會再次爆炸改變軌跡，有些亮到可以照出人的影子，有些會在空中留下十幾分鐘不散的餘跡……那晚我幾乎完全瘋狂了，脖子仰累了，就乾脆躺在冰冷的地面上；嗓子沙啞了，喝口水接著來。很多同學一開始看到那麼多流星也很激動很熱情地觀看，到後來卻一個個都『噁心』地不想再抬頭了——實在太多了，都看膩了！當然，我是看不膩的，一個天文愛好者面對這麼壯觀的天文現象怎麼可能看膩呢！獅子座流星雨真是上帝賜予人類的珍貴禮物啊！直到天色發白我們坐車往回返的時候，在車裡透過窗戶還能時不時地看到火流星呢！」這裡，我們從他的敘述中用了那麼多的感嘆號「！」就可以知道他是多麼激動！對這位同學，我們只能說一句：你太幸運啦！

2002 年，據預報也會有很高的流量，不過極大時刻在北美一帶，且有滿月干擾，觀測條件不佳。最終墨西哥的報導顯示每小時也能看到 1,000 多顆流星，這在滿月的干擾下已經是相當恐怖的流量了！

然後，獅子座流星雨（圖 1.24）就暫時銷聲匿跡了，下一次爆發按常理應該在 2033 年。可是這個週期不是總那麼準的，因為這個流星群還受其他很多因素影響。據預測，2033 年和 2066 年，獅子座流星群受木星引力攝動的影響，將不會有所作為。那兩次也許會有小爆發，但不大可能出現 2001 年那樣壯觀的場面。真正的下一次大爆發，很可能要等到 2099 年去了。不過，如果你真的想體驗一下什麼叫真正的「星殞如雨」，那就好好補充你的天文學知識，還有——好好地活著吧。

圖 1.24　獅子座流星雨的「輝煌」。右下為現存於大英博物館的描述歷史上「每小時 10 萬顆流量」的著名的版畫

對於天文愛好者來說，如果想在有生之年真正看一次流星雨，就務實一點，挑一個預報機會確實很好的普通流星雨，做好充足的準備工作，仔細地找一個理想的觀測地，然後踏踏實實地看一個晚上吧！如果在爆發時你一小時看到了 50 顆以上的流星，那就是相當不錯的成績了！知足吧！

第 2 章　偉大的彗星

我們說彗星偉大，主要是來源於有史以來人們對它的認識。

在中國古代對彗星的記載中，把彗星稱為孛星、妖星、星孛、異星、奇星等（圖 2.1），聽起來好像都與「怪物」有關。要知道，在人們的認知領域，可是會把怪異的、不可捉摸的「怪物」，想像為無所不能的啊！

而古代西方對「怪物」的描述更恐怖：它的尾巴異常之長，顏色紅得像血一般，在這顆彗星的頭上我們看出一隻屈曲的臂，手裡持著一柄長劍，好像要往下砍。在劍端有三顆星。在這彗星的光芒兩旁有許多帶著鮮血的刀、斧、劍、矛，其中還混雜有許多邪惡的、鬚毛悚悚的人頭。

那麼，為什麼人們對彗星如此恐懼呢？首先，不了解它的來歷、運行週期及其與地球的關係，不具備與之相關的科學知識是首要原因；其次，中外占星術的推波助瀾也造成了關鍵的作用。比如，中外占星術都有「成功」利用彗星出現預測大人物的生死、改朝換代、大洪水、大瘟疫等事例的記載，無不與災難出現有關。

就近現代人們對彗星的了解來看，也經歷了一個曲折而偉大的過程。比如，我們認為彗星帶來了人類的「種子」；

彗星能為我們解開太陽系起源之謎；彗星為我們帶來了水。

彗星確有許多的「事蹟」，最轟動的當然就是哈雷彗星了。

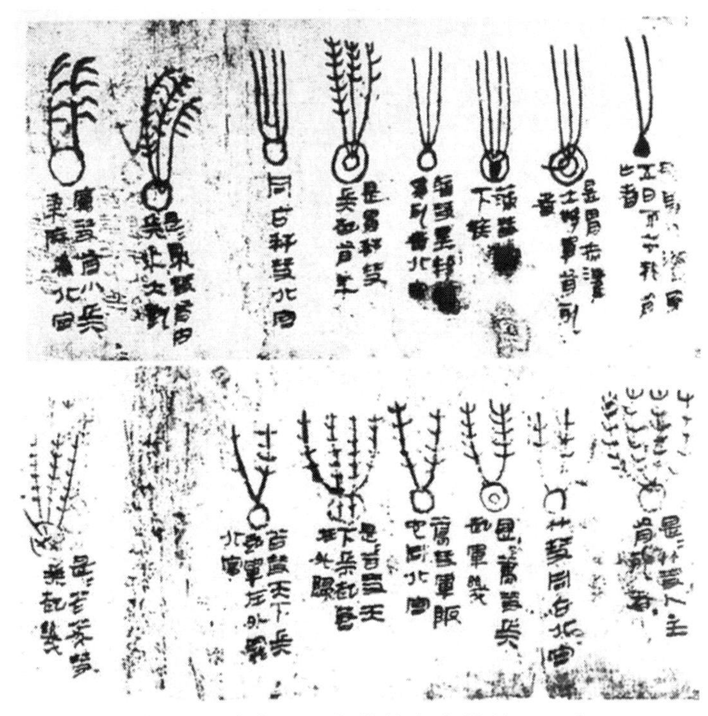

圖 2.1　長沙馬王堆漢墓出土的彗星圖畫

2.1 天文學家的寵兒

有一部好萊塢電影叫《彗星撞地球》（Deep Impact），是一部科幻電影，實際上它的現實「腳本」來源於 2005 年的 7 月 4

日，美國太空總署的「深度撞擊」彗星探測器與坦普爾 1 號彗星（圖 2.2）在太空深處上演的一場親密接觸的精彩大戲。美國太空總署官方公布的天文學上的《彗星撞地球》電影的「劇本」摘要如下：

(1) **導演**：眾多大咖聯手執導，雲集業界頂尖機構及科學研究院校、企業等，包括美國太空總署及其噴氣推進實驗室、馬里蘭大學等高校以及知名航太科技公司等。

「深度撞擊」成功「親吻」彗星

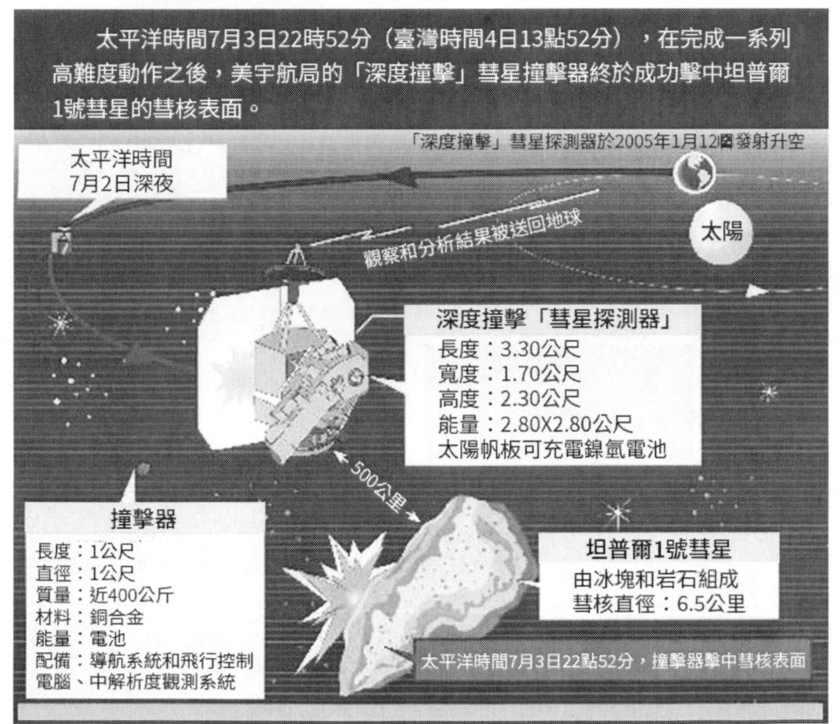

圖 2.2　美國的「深度撞擊」計畫實施示意圖

(2) **劇本創意**：30 多年前，英國科幻作家亞瑟·克拉克（Arthur Clarke）在一本名為《2001：太空漫遊》（2001: A Space Odyssey）的作品中構想出「撞擊彗星」的創意，引起了諸多航太大人物的興趣。經過不斷改進、完善後的計畫，最終於 1999 年 7 月被美國太空總署等採納。

(3) **時間**：格林威治時間 2005 年 7 月 4 日（美國的獨立日）早上 5 點 52 分（臺灣時間 4 日 13 點 52 分）。

(4) **地點**：距地球 1.3 億公里的太空深處，室女座中最明亮的星體角宿一附近。

(5) **主角一**：「深度撞擊」彗星探測器，於 2005 年 1 月 12 日發射升空。它由兩部分組成，一是飛行器，負責提供動力並攜帶有諸多科學儀器；二是用來轟擊彗核表面的撞擊器，體積相當於一臺普通家用冰箱，重 370kg。

(6) **主角二**：坦普爾 1 號彗星，它由德國天文學家坦普爾於 1867 年發現，並以他的名字而命名，這顆彗星的「遠日點」在火星和木星之間，圍繞太陽以橢圓軌道運行，環繞週期 5.5 年，彗核自轉週期約 42h。

(7) **劇情梗概**：臺灣時間 7 月 3 日 14 點 07 分，「深度撞擊」彗星撞擊器從其搭載的母船探測器中被釋放出來，並開始調整飛行姿態和速度，等待與坦普爾 1 號的約會。約 24h 後，坦普爾 1 號彗星如約而至，兩者以約 10km/s 的相對速度「激烈」相撞。

(8) **攝影**：此次拍攝規模龐大，各路高手菁英盡出。太空中，美國的「哈伯」、「史匹哲」、「錢卓拉」和歐洲的「牛頓」天文望遠鏡等從各個波段全程觀察；地面上，美國（國家）基特峰天文臺、歐洲南方天文臺、中國南京紫金山天文臺等也進行了持續的監測。在能見度好的情況下，西半球某些地區如智利的人們可以借助高倍望遠鏡參與「實錄」。

(9) **投資及製作**：「深度撞擊」共耗資 3.3 億美元。

大約 6 年後的 2011 年，美國發射的「星塵」探測器從這顆遭到撞擊的彗星身邊飛過，並且拍到了彗星表面被撞擊後留下的「明顯傷痕」——1 座小環形山（圖 2.3）。

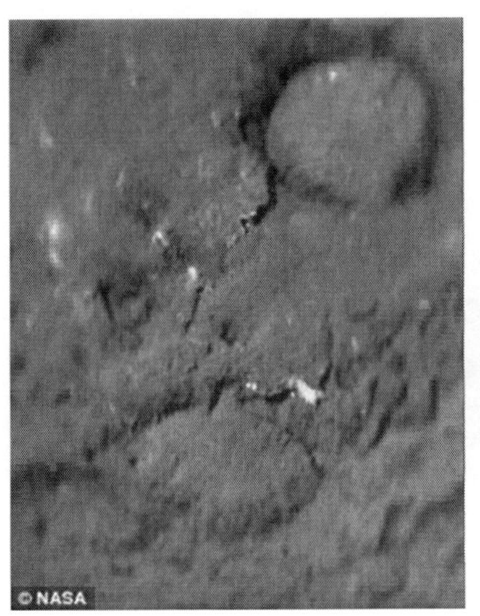

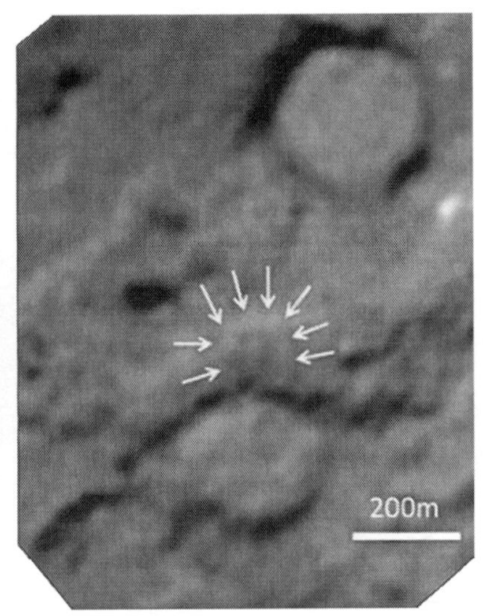

圖 2.3 (a) 撞擊前，(b) 6 年後拍攝的撞擊後

搞得這麼複雜、花了這麼多的錢，計畫的意義何在？其一，撞擊實驗將幫助我們對太陽系誕生的過程有更多了解，並將對探索生命的起源、地球上水的來源也有重大意義。天文學家猜想，包括地球在內的（地內）行星，大約 38 億年前可能都

曾受到彗星的密集轟擊（LHB），而不久後地球上就出現了生命，兩者之間可能有連繫。如果能由此在回答「人類從哪裡來」的問題上有所幫助，此次撞擊的意義將惠及全人類；其二，整個過程的太空飛行器無人控制技術堪稱完美，而這對人類未來遠行外太空，離開蟄居許久的地球家園，前往外太空開闢新的樂土，將具有重大意義；其三，以如此一種好萊塢電影的方式進行的「深度撞擊」，無疑能激發出人類更多的想像，吸引更多的人投身科學探索。或許在許多人的眼中，科學研究總是枯燥無味的，而空間探索則更是「虛無縹緲」的。但「深度撞擊」吸引了無數的注意力，當人們今後仰望蒼穹的時候，心中或許會萌發出更多從事科學探索的熱情。而這，或許遠比傳統教科書式科學知識教育的效果要來得好得多。可能有人會說，「深度撞擊」耗資 3.3 億美元，如此巨資是否值得？值不值得，您還是來比較一下吧，一架 B-2 轟炸機的單價高達 21 億美元，當它在地球上留下深坑的同時，留在人類心靈上的傷害，又是多麼深重呢？探測器「香消玉殞」在宇宙深處，「深度撞擊」留給人類的，絕非僅僅只是一場華美的「煙火」表演。

「深度撞擊」更展現出了彗星在人們，尤其是天文學家眼裡的「偉大」。而這一偉大是從哈雷和哈雷彗星開始的。

2.1.1 哈雷和哈雷彗星

愛德蒙．哈雷（Edmond Halley），1656 年 10 月 29 日出生於倫敦，1742 年 1 月 14 日逝世於倫敦。英國天文學家、地質物理學家、數學家、氣象學家和物理學家。曾任牛津大學幾何學教授，並是第二任格林威治天文臺臺長。

傳奇人生

哈雷 20 歲畢業於牛津大學皇后學院。此後，他放棄了即將到手的學位證書，去聖赫勒拿島（南大西洋的一個火山島，隸屬於英國）建立了一座臨時天文臺。在那裡，哈雷仔細觀測天象，編制了第一個南天星表，彌補了天文學界原來只有北天星表的不足。哈雷的這個南天星表包括了 381 顆恆星的方位，它於 1678 年刊布，當時他才 22 歲。

哈雷最廣為人知的貢獻就是他對一顆彗星的準確預言。1680 年，哈雷與巴黎天文臺第一任臺長卡西尼（Cassini）合作，觀測了當年出現的一顆大彗星。從此他對彗星產生興趣。哈雷在整理彗星觀測紀錄的過程中，發現 1682 年出現的一顆彗星的軌道根數，與 1607 年克卜勒（Kepler）觀測的和 1531 年阿皮亞努斯（Apianus）觀測的彗星軌道根數相近，出現的時間間隔都是 75 或 76 年。哈雷運用牛頓萬有引力定律反覆推算，得出結論認為，這三次出現的彗星，並不是三顆不同的彗星，而是同一顆彗星的三次出現。哈雷以此為據，預言這顆彗星將於 1758 年再次出現。1759 年 3 月，全世界的天文臺都在等待哈雷預言的這顆彗星。3 月 13 日，這顆明亮的彗星拖著長長的尾巴，出現在星空中。遺憾的是，哈雷已於 1742 年逝世，未能親眼看到。1759 年這顆彗星被命名為哈雷彗星，那是在他去世大約 16 年之後。根據哈雷的計算，預測這顆彗星將於 1835 年和 1910 年（圖 2.4）回來，結果，這顆彗星都如期而至。1910 年的哈雷彗星回歸景象尤其壯觀，它的亮度可與全天最亮的金星比擬；它的尾巴可橫跨 2/3 的天空。

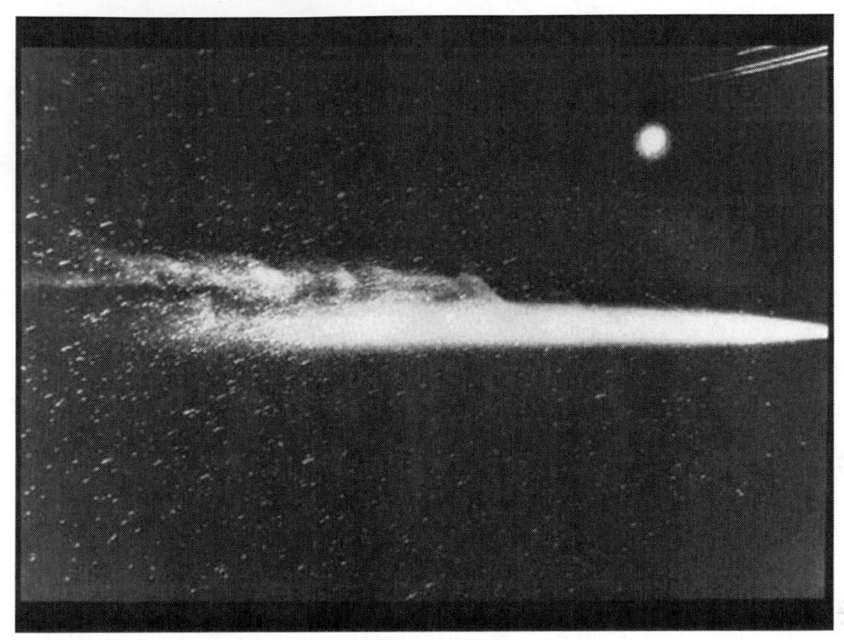

圖 2.4　1910 年在巴黎上空拍攝的哈雷彗星照片，右上的「亮點」是金星

哈雷是個不同凡響的人物。他當過船長、地圖繪製員、牛津大學幾何學教授、皇家製幣廠副廠長、皇家天文學家，是深海潛水鐘的發明人。他寫過有關磁力、潮汐和行星運動方面的權威級文章，還天真地寫過關於鴉片的效果的文章。他發明了氣象圖和潮汐運算表，發現了恆星的自行，提出了利用金星凌日的機會，測算地球的年齡和地球到太陽的距離的方法，甚至發明了一種把魚類保鮮到淡季的實用方法。他還發現了月亮運動的長期加速現象，為研究月系的運動做出了重要貢獻。

哈雷身為船長航海歸來後，繪製了一張顯示大西洋各地磁偏角的地圖（圖 2.5）。

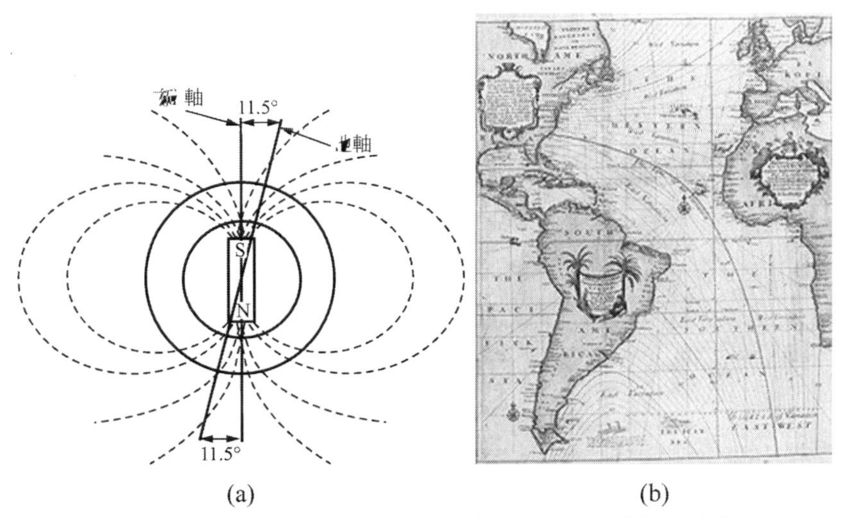

圖 2.5　磁偏角 (a) 和哈雷繪製的大西洋磁偏角圖 (b)

磁偏角，即指南針指示的北方與實際正北方的夾角，中國宋代科學家沈括首先發現磁偏角現象。哈雷在十四五歲時就對這現象感興趣了，當時還親手測量了幾次。三十多年後，在經歷海上、船上重重艱辛後，這張實用又美觀的地圖問世了。它是第一張繪有等值線的圖。圖中每條曲線經過的點，磁偏角的值都是相同的。今天我們常看到的有等高線的地形圖、有等氣壓線的天氣圖，其實都來自哈雷的創意。等值線在當時被稱為「哈雷之線」(Halleyan Lines)。

如果有人拿出個難題請教哈雷，哈雷一定會想盡一切方法去解決它。比如說，一個皇家學會成員霍頓問他：怎樣才能合理而準確地測量出英格蘭和威爾斯的總面積呢？版圖是不規則的，直接對著地圖，用尺測量再計算顯然太費工夫了。對這個複雜的問題，哈雷用了一種獨特的方式輕鬆搞定了。他找來了當時最精確的地圖，貼在一塊質地均勻的木板上，然後小心地沿著邊界把地圖上的英格蘭和威爾斯切下來，稱其重量；再切下一塊面積已知的木板（如 10cm×10cm），稱其重量。兩塊木板的重量之比也就是它們的面積之比，所以英格蘭和威爾斯在地圖中的面積可以很容易算出。再根據比例尺進行放大，就可知兩地區的實際面積了。他得出的結果和現在用高科技技術測量出的面積驚人吻合。這種方法也可以在某些科學競賽中找到蹤影。

然而，儘管他取得了這麼多的成就，但他對人類知識的最大貢獻也許只在於他參加了一次科學上的打賭。賭注不大，對方是那個時代的另外兩位傑出人物。一位是羅伯特·虎克（Robert Hooke），人們現在記得最清楚的興許是他描述了細胞；另一位是偉大而又威嚴的克里斯多佛·雷恩爵士（Sir Christopher Wren），他原本是一位天文學家，後來還當過建築師。1683 年的一天，哈雷、虎克和雷恩在倫敦吃飯，突然間談話內容轉向了天體運動。據認為，行星往往傾向於以一種特殊的卵形線，即以橢圓形在軌道上運行——用理察·費曼（Richard Feynman）的話來說，「一條特殊而精確的曲線」——但不知道什麼原因。雷恩慷慨地提出，要是他們中間誰能找到個答案，他願意發給他價值 40 先令（相當於兩個星期的薪水）的獎品。虎克以好大喜功聞名，儘管有的見解不一定是他自己的。他聲稱他已經解決這個問題，但現在不願意告訴大家，他的理由有趣而巧妙，說是這麼做會使別人失去自己找出答案的機會。因此，他要「把答案保密一段時間，別人因此會知道怎麼珍視它」。沒有人知道，他後來有沒有再想過這件事。可是，哈雷著了迷，一定要找到這個答案，還於次年前往劍橋大學，冒昧拜訪該大學的數學教授艾薩克·牛頓（Isaac Newton），希望得到他的幫助。1684 年 8 月，哈雷不請自來，登門拜訪牛頓。他指望從牛頓那裡得到什麼幫助，我們只能猜測。但是，多虧一位牛頓的密友——亞伯拉罕·棣美弗（Abraham de Moivre）後來寫的一篇敘述，我們才有了一篇有關科學界一次最有歷史意義的會見的記錄：1684 年，哈雷博士來劍橋拜訪。他們在一起待了一段時間以後，博士問他，要是太陽的引力與行星離太陽距離的平方成反比，他認為行星運行的曲線會是什麼樣的。這裡提到的是一個數學問題，名叫平方反比定律。哈雷堅信，這是解釋問題的關鍵，雖然他對其中的奧妙沒有掌握。艾薩克·牛頓馬上次答說，會是一個橢圓。博士又高興又驚訝，問他是怎麼知道的。「哎呀，」他說，「我已經計算過。」接著，哈雷博士馬上要他的計算資料。艾薩克爵士在資料堆裡翻了一下，但是找不著。這是很令人吃驚的——猶如有人說他已經找到了治癒癌症的方法，但又記不清處方放在哪裡了。在哈雷的敦促之下，牛頓答應再算一遍，便拿出了一張紙。他按諾言做了，但做得要多得多。有兩年時間，他閉門不出，精心思考，塗塗畫畫，最後拿出了他的傑作：《自然哲學的數學原理》（Philosophiæ Naturalis Principia Mathematica）。並且，哈雷自費為牛頓出版了這本書。

也就是說，因為哈雷，才會誕生科學史上最偉大的著作之一——《自然哲學的數學原理》。

哈雷的綽號

哈雷有許多有意思的綽號。當年他出色地繪製了南天星圖，於是當時的英國皇家天文學家佛蘭斯蒂德（Flamsteed）便叫他「南天第谷」。第谷（Tycho）是丹麥天文學家，他用肉眼精確測量了北天 777 顆恆星的位置，並發現了後來成為「星空立法者」的克卜勒。佛蘭斯蒂德也以觀測精確著稱，第谷自然成為他心中至高的偶像。22 歲的哈雷竟被性格嚴肅刻板的佛蘭斯蒂德毫不吝嗇地譽為「南天第谷」，其天文才華可見一斑。

可是，幾十年後，哈雷從佛蘭斯蒂德那裡得來了另一個性質完全不一樣的綽號「雷霉兒」（Raymer）。這是怎麼回事呢？

說起來，佛蘭斯蒂德和第谷確實有很多共同點。第谷發現了克卜勒，而在某種意義上，佛蘭斯蒂德發現了哈雷。格林威治天文臺剛準備建設那時候，佛蘭斯蒂德身為被指定的天文臺第一任臺長，到牛津大學去選助手。當時正在上大二的哈雷在同齡人中脫穎而出，從此逐漸成為大眾的焦點。

天文臺建設得很順利，一切看起來相當不錯。可是隨著時間推移，佛蘭斯蒂德發現他和哈雷的性格根本不合。哈雷活潑好動，說起話來輕快幽默，不著邊際的想法很多，比如說，為什麼星星有無數顆，夜晚還是黑的？甚至有時他會搞無傷大雅的惡作劇。這種個性在大部分人看來，當然是極具吸引力的，加上哈雷才華橫溢，在大眾影響力方面幾乎是把佛蘭斯蒂德秒殺了。佛蘭斯蒂德一是嫉妒，二是身為一個認真嚴肅的學者，他絕對不能容忍哈雷這樣大大咧咧、鋒芒畢露地做學問，於是有段時間他大肆誹謗，傳了很多哈雷的醜聞。

從此這兩個昔日志同道合的人變成了針尖對麥芒的冤家，互相打著筆墨官司，誰也不讓誰。其實哈雷是個大方的人，口才又好，幾乎成了皇家學會的「專業調解員」。虎克和海維留

（Hevelius）之爭、牛頓和虎克之爭、牛頓和萊布尼茲之爭，都是有了哈雷的勸說才稍顯平息（儘管後兩者最終還是釀成「悲劇」）。但哈雷容忍不了佛蘭斯蒂德，在他眼裡佛蘭斯蒂德簡直是個嫉妒心極強、閒來無事就欺負晚輩、脾氣又怪異的傢伙。

而佛蘭斯蒂德則認為哈雷浮誇自負，沒真本事，只靠發揮想像力、拉關係，就在皇家學會裡混。更重要的是，哈雷似乎對神不敬。其實哈雷不過是試圖用科學道理解釋《聖經》裡的一些奇異事件，比如大洪水。

與此同時，佛蘭斯蒂德仍以第谷自詡，他覺得自己的境遇和第谷簡直有異曲同工之妙。第谷也有個針尖對麥芒型的冤家，叫尼古勞斯·賴默斯（Nicolaus Reimers）。但佛蘭斯蒂德可不敢自誇說自己就是第二代第谷啊，他只好說他的冤家哈雷是第二代 Raymers（Reimers），簡稱 Raymer，似乎這樣一來也就間接證明了自己和第谷有緣。

可是佛蘭斯蒂德能和第谷比嗎？顯然不能。第谷發掘克卜勒的故事被傳為佳話；而佛蘭斯蒂德與被他發掘的哈雷最後卻鬧成這副樣子，讓人搖頭嘆息，情何以堪。

不過不管怎樣，「南天第谷」和「雷霉兒」這兩個綽號都挺來之不易的，濃縮了兩個人之間的戲劇性的傳奇。

現在，人們（尤其在西方）談到哈雷，習慣性地不直呼其名，而是叫他「彗星男」（The Comet Man）。當然，在其他書中，我們可以看到，哈雷還是「潮汐王子」（Prince of Tides），「地球物理學之父」（Father of Geophysics），等等。

還有哪個科學家能享有如此多的綽號呢？

還有以哈雷命名的事物：

哈雷彗星——哈雷第一個預言它的回歸；

哈雷環形山——是火星上的一座環形山；

哈雷研究站——位於南極洲。

哈雷彗星

哈雷彗星（正式的名稱是 1P/Halley）是最著名的短週期彗星，每隔 75 或 76 年就能從地球上看見，哈雷彗星是唯一能用裸眼直接從地球看見的短週期彗星，也是人一生中唯一可能以裸眼看見兩次的彗星。其他能以裸眼看見的彗星可能會更壯觀和更美麗，但那些都是數千年才會出現一次的彗星。

至少在西元前 240 年，或許在更早的西元前 466 年，哈雷彗星返回內太陽系就已經被天文學家觀測和記錄到。在中國、巴比倫和中世紀的歐洲都有這顆彗星出現的清楚紀錄，但是當時並不知道這是同一顆彗星的再出現。這顆彗星的週期最早就是哈雷測算出來的，因此這顆彗星就以他為名。哈雷彗星上一次回歸是在 1986 年，而下一次回歸將在 2061 年。

在 1986 年回歸時，哈雷彗星成為第一顆被太空船詳細觀察的彗星，提供了第一手的彗核結構與彗髮和彗尾形成機制的資料。這些觀測支持了一些長期以來有關彗星結構的假設，特別是弗雷德．惠普爾（Fred Whipple）的「髒雪球」模型，正確地推測哈雷彗星是揮發性冰、二氧化碳和氨以及塵埃的混合物。這個任務提供的資料還大幅改革和重新配置了有關彗星組成的設想；例如，現在理解哈雷彗星的表面主要是布滿塵土的，沒有揮發性物質，並且只有一小部分是冰。

軌道計算

哈雷是第一顆被確認的週期彗星。直到文藝復興之前，哲學家們一致認定彗星的本質是如亞里斯多德所論述的，是地球大氣中的一種擾動（現象）。這種想法在1577年被第谷推翻，他以視差的測量顯示彗星必須在比月球之外更遠的地方。許多人依然不認同彗星軌道是繞著太陽，並且假定它們在太陽系內的路徑是遵循直線行進的。

在1687年，牛頓發表了他的《自然哲學的數學原理》，他在其中簡略地介紹了引力和運動的規律。雖然他一直懷疑在1680年和1681年相繼出現的兩顆彗星，是掠過太陽之前和之後的同一顆彗星（後來發現他是正確的），但他關於彗星的研究工作還未完成，因此未將彗星放入他的模型中。最後，是牛頓的朋友——編輯和出版者哈雷，在他1705年的《彗星天文學論說》（Synopsis of the Astronomy of Comets）中，使用了牛頓新的規律來計算木星和土星的引力對彗星軌道的影響。它的計算使得他在檢視歷史的記錄後，有能力確定在1682年出現的這一顆彗星，和1531年（由阿皮亞努斯觀測）與1607年（由克卜勒觀測）出現的彗星有著幾乎相同的軌道要素。哈雷因此推斷這三顆彗星事實上是同一顆彗星，每隔76年來一次，週期在75～76年之間修正。在粗略的估計行星引力對彗星的攝動之後，他預測這顆彗星在1758年將會再回來。雖然直到1758年12月25日，這顆彗星才被德國的一位農夫和業餘天文學家帕利奇（Palitzsch）看到，但哈雷的預測還是正確的。因為受到木星和土星攝動的影響，這顆彗星回歸時間延遲了，直到 1759 年 3 月 13 日才通過近日點。由三位法國數學家組成的小組，認為這個效果（攝動）使它提前了一個月過近日點（與 4 月 13 日有一個月的誤差），但是哈雷於 1742 年逝世，未能活著看到這顆彗星的回歸。彗星回歸的確認，首度證實了除了行星之外，還有其他的天體繞著太陽公轉。這也是最早對牛頓物理學成功的測試。在 1759 年，法國天文學家拉卡伊（Lacaille）將這顆彗星命名為哈雷彗星，以表示對哈雷的尊崇。

在 1 世紀，猶太的天文學家可能已經知道哈雷彗星是具有週期性的。提出這理論是因為在一篇猶太法典的短文中這樣寫道：「有一顆星隔 70 年出現一次，會使船長發生錯誤。」

哈雷彗星的紀錄和聯想

最早和最完備的哈雷彗星紀錄皆出自中國古代：自秦始皇七年（西元前 240 年）至清宣統二年（1910 年）共有 29 次記錄，並符合 76 年週期的計算結果。

在歐洲，哈雷彗星的紀錄也十分詳盡，最早的紀錄在西元前 11 年，但哈雷彗星回歸與其他彗星一樣，往往被眾多迷信的民眾聯想成稀罕的災星，而跟恐慌與災禍扯上關係。1066 年 4 月哈雷彗星回歸時，英國剛好遇著諾曼第公爵王朝前的侵略戰爭，當時居民見到彗星高掛的恐懼情況被繪在貝葉掛毯上留傳後世（圖 2.6）。

圖 2.6　哈雷彗星出現在英國珍貴的貝葉掛毯上（右上角）

幾則古老的回歸記載

西元前 613 年，《春秋》：「秋七月，有星孛入於北。」西元前 240 年，《史記 · 始皇本紀》：「始皇七年，彗星先出東方，見北方；五月見西方，十六日。」

西元前 164 年後半年，巴比倫的黏土板有記錄。

西元前 12 年 10 月，《新約聖經》有伯利恆之星的說法。

西元 607 年 3 月，《日本書紀》有記錄。

西元 684 年 10 月，《日本書紀》（天武 12 年）有記錄。

西元 989 年 9 月，日本和中國皆有記錄。這一年日本永延三年改元為永祚元年。

西元 1066 年 3 月、西元 1145 年 4 月，日本天養二年改元為久安元年。

西元 1222 年 9 月、西元 1301 年 10 月，日本的《鐮倉年代記》、中國的《元史》中皆有記載。

直至西元 1910 年回歸時，儘管已是工業化的社會，人們仍對哈雷彗星充滿恐懼。當時計算出來的結果顯示：過近日點後的哈雷彗星彗尾將掃過地球，有報紙（圖 2.7）故意誇大其恐怖性：彗尾中有毒氣滲入大氣層，並毒死地球上大部分人。實際上彗尾中的氣體是隕石自然產生，不會毒死人類。當時有些偏僻村落的人感到非常恐慌，有報導在中歐和東歐甚至有人因此自殺。

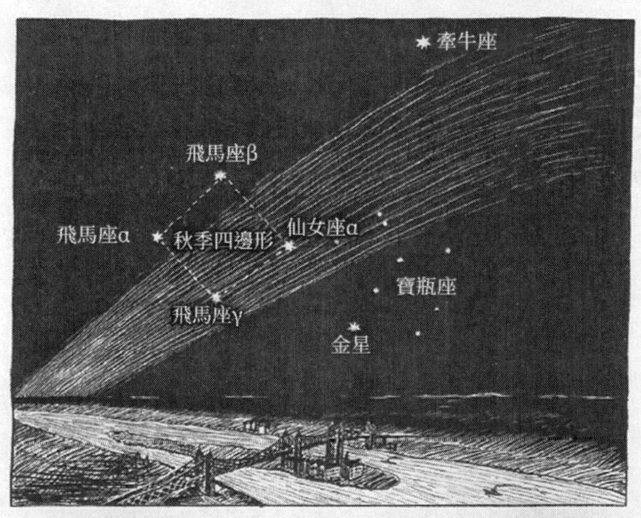

This illustration is based on one that appeared in the May 20, 1910, *New York Times*, drawn by Mary Proctor. The view from the *Times* Tower of Comet Halley's tail was sketched between 2:30 a.m. and 3:15 a.m. on the 19th (the Earth passed through the comet's tail on the 18th). The sense of scale given by the sketch shows just how impressive Comet Halley was during its 1910 apparition.

圖 2.7　刊登在《紐約時報》上描述 1910 年哈雷彗星橫跨天空的圖片

這次回歸開始，哈雷彗星有了照片（圖 2.8）和光譜記錄；這次回歸最早在 1909 年 9 月 11 日被發現，當時彗星光度 16 等；1910 年 5 月中旬直至月底的彗核亮度達 2 ～ 3 等，5 月 17 日彗尾長達 100 度，往後更發展至 140 度之長。由於天文學家已預計 5 月 20 日地球經過哈雷彗星的彗尾（兩者相距只有 0.15 AU），彗尾「掃過」地球的時間是凌晨的 2 點 30 分到 3 點 15 分。這段時間拍下的彗頭照片顯示彗頭複雜動盪的結構，並且有暈狀和鳥冠狀的光芒，5 月 24 日彗核中心分為兩個，各被拋物線狀物包圍；當年 8 月時為 9 等星，翌年 1 月時變為 13 ～ 14 等，那次回歸最後觀測記錄是 1911 年 6 月 16 日。

圖 2.8　1910 年天文學家用望遠鏡觀測哈雷彗星的圖片

1986 年的回歸

1986 年初哈雷彗星回歸時，人類對它做了最詳盡的觀測。它在 1982 年 10 月 16 日率先被美國帕洛馬山天文臺 5m 反射望遠鏡以 CCD 拍攝到，當時光度為 24.2 等，當時暫定名為 1982I。

由於 1910 年觀測時沒有計畫，當時各天文臺的觀測方法和儀器上沒有互相連繫，故沒有良好成果。為更有效協調全球觀測網路，世界各天文臺和天文愛好者之間決定進行聯合觀測。以美國噴射推進實驗室（JPL）為中心，由美國國家航空暨太空總署（NASA）贊助，並經國際天文學聯會（IAU）贊同，由 22 位天文學家組成委員會於 1982 年 8 月 16 日在希臘舉行的國際天文學聯合會，第 18 次全體會議上正式實施「國際哈雷彗星觀測計畫」（International Halley Watch, IHW）。計畫有統一的觀測原則、出版規範觀測資料和方法，也考慮了資料整理，因此使比較研究更容易。此計畫由 1983 年 10 月中旬開始直至 1987 年末，不間斷地對哈雷彗星進行觀測。

為了觀察哈雷彗星，當時參加這場國際哈雷彗星觀測計畫的國家所屬太空中心裡，美國國家太空總署、蘇聯太空局、歐洲太空總署以及日本宇宙空間研究所發射了七架宇宙探查器，其中由美國發射的 ICE、歐洲發射的喬托號、日本發射的先鋒號和彗星號，以及蘇聯發射的維加一號和二號在天文迷中被稱作「哈雷艦隊」。

1991 年 2 月，南歐天文臺以 1.54m 丹麥望遠鏡觀測到哈雷彗星的亮度突然從 25 等增亮至 21.5 等，並冒出 20 角秒（約 20

萬公里）的彗髮，這估計是受到一顆小行星的撞擊或者太陽閃焰的衝擊波激發所致。隨後全世界的天文工作者進行了系統性的觀測。

21 世紀的觀測

20 世紀最後一次在拍攝中發現哈雷彗星是在 1994 年 1 月 10 日，由智利的 3.58m 新技術望遠鏡（New Technology Telescope）觀測。2003 年 3 月 6 日，天文學家以歐南天文臺三座 8.2m VLT 望遠鏡在長蛇座頭部再次拍到它（81 張照片，共計 9h 的曝光），距地球 27.26 AU（40.8 億公里），光度 28.2 等；天文學家相信：以現時觀測技術，即使它在 2023 年過遠日點（35.3 AU），亮度還要暗 2.5 倍的情況下，也可拍到其影像。

哈雷彗星下次過近日點為 2061 年 7 月 28 日。

2.1.2　彗星帶來生命

彗星（Comet），是進入太陽系內亮度和形狀，會隨與太陽的距離變化而變化的繞日運動的天體，呈雲霧狀的獨特外貌。彗星分為彗核、彗髮、彗尾三部分。彗核由冰物質構成，當彗星接近恆星（太陽）時，彗星物質受到溫度升高、壓力增大的影響，開始昇華，在冰核周圍形成朦朧的彗髮和一條由稀薄物質流構成的彗尾。由於太陽風的壓力，總是指向背離太陽的方向形成一條長長的彗尾。彗尾普遍長幾千萬公里，最長可達幾億公里。彗星的形狀像掃帚，所以俗稱掃帚星。彗星的運行軌道多為拋物線或雙曲線，少數為橢圓。前兩者只能是太陽系中的「過客」，稱之為非週期彗星，經過太陽系而已（圖 2.9）。後一種才可以算得上是太陽系的家族成員，稱之為週期性彗星。但是，由於木星和土星的質量很大，所以會極大地影響彗星的運行軌道，使得一些非週期彗星改變軌道，變成週期彗星，或者是從長週期變為短週期，甚至還會導致彗星直接「撞擊」木星或土星。目前人們已發現繞太陽運行的週期彗星有 1,600 多顆。目前發現最短的彗星回歸週期是 3.3 年，最長的有 2,400 萬年。著名的哈雷彗星繞太陽一週的時間為 76 年，屬於短週期彗星。

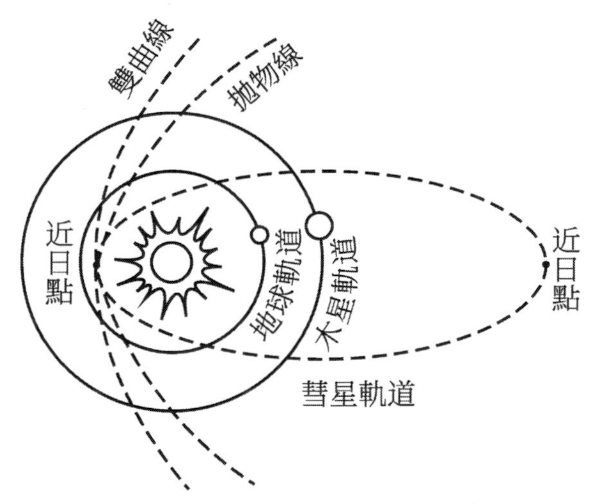

圖 2.9　彗星的運行軌道有雙曲線、拋物線和橢圓三種

彗星是怎樣形成的

彗星的形成大致上有三個來源：太陽系原始物質、死亡（分裂）的行星和銀河系中的星際間物質。最原始的彗星，應該是太陽系形成之初那些直徑比較小、質量和密度也比較小的「星子」，被強勁的「太陽風」吹到太陽系的邊緣之後，形成了現在

的「歐特星雲帶」；有些彗星來源於小（矮）行星，也可以說，太陽系中小（矮）行星和衛星死亡的地方，就是彗星誕生的地方之一；不過，最近的理論和觀測顯示，產生彗星的一個最大的來源，應該是銀河系星系盤中的「星際間物質」，最主要的是那些「暗星雲」。

除了恆星之外，在銀河系內還存在著一些暗星雲，它們是氣體和塵埃的混合體，它們主要集中在銀河系的星系盤中，從側面看上去就像是銀河系出現了一個「裂縫」（圖 2.10）。最近的暗星雲離我們約 500 光年，直徑為 65 光年。雖然它們密度極為稀薄，但「個頭」卻比恆星大得多。在太陽系繞銀河系中心公轉的過程中，碰上這些星雲時，每天就會有數以千噸計的隕石（星雲）物質從天而降，由於它們大部分屬於「星際塵埃」物質，單個個體的質量很小，所以，不易被察覺，也不會對地球造成太大的損害。

(a)

(b)

圖 2.10 銀河系中有許多暗星雲，最著名的如獵戶座的馬頭狀星雲

無線電天文觀測發現，這些暗星雲只不過是一些質量很大、溫度甚低的星雲集合體的極小部分。它們集中在銀道面內一些有相當厚度的環狀區內，因為不發光，所以光學觀測發現不了。太陽每經過 1 億～ 2 億年的時間，就會接近或穿過其最密集的部分，在那裡星雲個數多達 5,000 個，每個的質量都約為太陽的 50 萬倍。它們是銀河系內最大的天體，太陽系在每次「穿過」這些星雲時，作為「彗星之家」的歐特星雲帶就會得到壯大。

歐特星雲帶中的這些天體，在環繞太陽運行的過程中，不斷地相互吸引、碰撞，從而組合成了彗星的母體。它們的數量極其龐大，數以十億計，當星雲受到某種力的影響，比如，周邊星系中的超新星爆發，或者是大質量的恆星經過，或者是遇到相對密度較大的星雲團時，星雲整體就會產生「擾動」，而擾動的結果就會使得這些彗星的母體脫離開歐特星雲帶，從而成為彗星向著太陽飛去。

從彗星的結構來看，彗星的核心——彗核，都是由泥土塊、冰塊、大小石頭塊、大小金屬礦石塊、大小金屬核球塊等物體組成。這些物體在快速飛向太陽的運動過程中，與沿途周圍的物質和氣體發生劇烈碰撞和摩擦而生熱，當物體發熱和運行速度達到一定的程度時，其中的泥土塊、冰塊、小石頭、小金屬礦石塊等小物體，在高溫中就會溶化凝合成大的團塊，或聚集到大的金屬塊上形成彗星的核心；有的就會在高溫和快速的運動中碎裂，或氣化變成行星際塵埃或流星雨（物質）；有的先成為短命的彗星，隨後分裂成流星雨（物質）。在高溫和高速運動中不易碎裂散開的大金屬礦石塊和大金屬核球等堅硬的較大物體，能夠長時間以整體的形式運動，變成了真正的沿一定軌道做週期往返的彗星。

飛奔的金屬熱球會在其後面形成長長的由熱氣體、熱金屬粒子流和等離子體組成的火、光、電混合的「火柱」，構成長長的彗尾，在陽光的照耀下，熠熠生輝（圖 2.11）。不過，這裡的「陽光」指的是「太陽風」，它的影響範圍一般是到火星軌道，也就是說當彗星飛行到距離太陽 3 億公里處，彗尾才會出現。這個高熱金屬球就是彗核，而火柱就是彗尾，共同構成了彗星。彗星就是這樣產生的。

圖 2.11 彗核（彗星）在太空中飛行

彗星越接近太陽，其彗尾越長；越遠離太陽，其彗尾越短。彗尾主要由三個部分組成，第一個是被激烈燃燒的氣體包層；第二個是被擊飛（向後）的火紅的金屬粒子流；第三個是太陽強烈輻射引起光電效應而產生的電離子包層，這三個包層（或流）都在不停地進行著短暫的生成和熄滅的運動。

在彗星運行的大部分時間裡，這三個包層是交織混合在一起的，呈現單一彗尾的形狀。但是，在太陽熱氣（太陽風和各種輻射）推力非常劇烈的時候，這三個包層在尾部就會出現分叉。這是因為，氣體火花燃燒的包層、熱金屬粒子流包層和電離子包層，三者對不同程度的太陽熱氣推力的受力情況不同，受力大的偏角大一點，受力小的偏角小一點，當三者受力情況不同時，就會因偏角不同而出現一個彗星有雙彗尾或三彗尾，甚至多彗尾的現象（圖 2.12）。

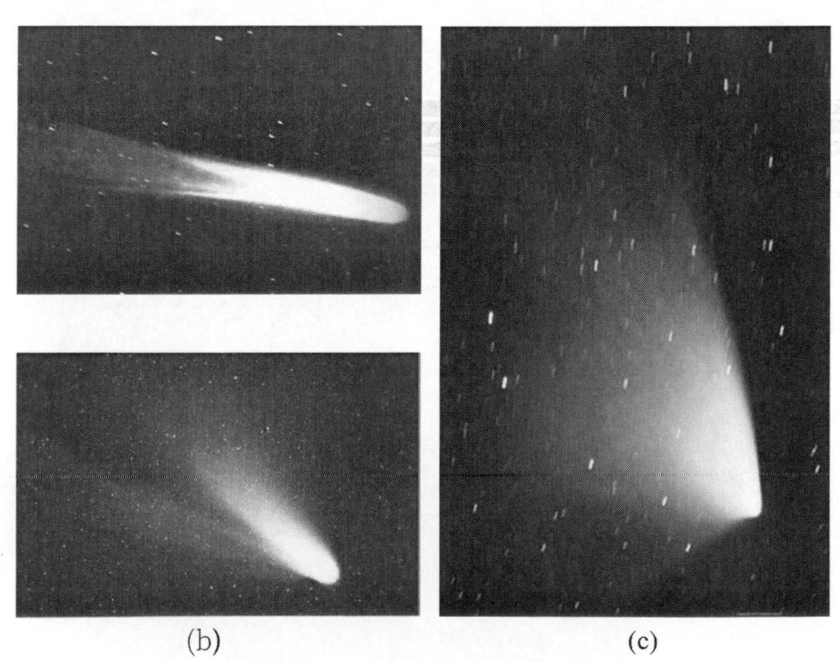

(b)　(c)

圖 2.12　單彗尾（a）、雙彗尾（b）和多彗尾（c）彗星

生命起源的多種說法

說彗星怎麼又說到生命起源呢？這就要簡單地回顧一下，到目前為止有關人類生命起源研究的相關過程和結果。

人類世代都在追尋生命起源的祕密。解釋生命的起源和演化，也是當今自然科學永恆的前沿課題之一。它涉及化學、生物學、天文學、考古學、地質學、地球化學、空間科學等不同領域的多學科交叉。因此，對生命起源進行探討，揭示生命誕生之謎，不僅是一個謎團的解開，還影響著我們人類未來的命運。

如果有人問你：人從哪裡來？你會怎樣回答？我想每個人心中都有不同的答案（因為目前還沒有確切的答案）。對於生命的起源，科學上有很多的假說，包括已經被否認的神造說、自然發生說等。儘管它們已被證明是錯誤的，但是在假說提出的當時也是統治著人們的思想的。後來還發展了包括化學起源說、宇生說、宇宙射線論等。總體來講，可以分為有生源說和無生源說兩大類。隨著科學的發展，無生源說因為沒有太多的科學依據，也就銷聲匿跡了。有生源說最早出現在 1871 年，只是一直以來缺少「物證」和相關科學實驗的驗證，所以，關於「人類起源」的問題，已經沉寂了很長的時期。直到近代科學的進展，我們發現了宇宙中的各種（觀測）現象和收集了各種物證之後，這個問題才進入了科學的視野。

(1) 星際間介質中存有構成生命的「硬體」

有生源說目前占據了生命起源學說的統治地位，這得益於眾多科學家在宇宙中的新發現。最重要的是來源於 1960 年代天文學的「四大發現」中，有關星際間有機分子的發現。最早發現有星際分子存在現象是在 1937 年，但是由於觀測和分析技巧的原因，並沒有得到進一步的分析和證實，直到 1960 年代無線電天文學的廣泛興起。1963 年，美國科學家在使用無線電望遠鏡觀測仙后座時，發現了羥基分子（由一個氫原子和一個氧原子結合形成，是一種非常活潑的化合物）的譜線。這個發現成了人類探測星際分子的開端。

1968 年發現了氨分子和水分子，1969 年發現了甲醛分子，這是人類第一次在宇宙空間中發現有機分子。這些發現都大大提高了天文學家對星際分子探索的積極性，很多射電望遠鏡都開始被用來開展這方面的觀測研究。在整個 1970 年代，科學家們發現了 46 種星際分子，到了 1980 年代末，累計發現的星際分子已經達到了 80 多種。

在所有被發現的分子中，大部分是有機分子。其中包含元素最多的分子中含有 4 種元素，相對分子質量最大的為 123。羥基、一氧化碳和水分子的分布十分廣泛，在很多區域都有發現。相對地，還有很多分子只能在密度很大的星雲中發現存在的蹤跡。還有一些星際分子是地球上沒有的，在實驗室中都很難存在，如氰基丁二炔、氰基辛四炔、雙原子碳等。

1996 年的一份星際觀測報告中說，在距離我們 2.5 萬光年的半人馬座星雲中，找到了醋酸分子。這是人類第一次發現醋酸分子。醋酸在生命的進化中發揮著重要的作用，是產生形成生命的化學物質的關鍵一步。醋酸和氨發生反應，能夠形成甘胺酸，這是一種胺基酸。而胺基酸又是構成蛋白質的基本組成物質。以我們在地球上的經驗，一切生命的主要組成部分就是蛋白質。

1995 年，英國科學家還發現了一片「酒精雲」。顧名思義，其中含有大量乙醇分子，數量多到能夠填滿地球上的所有海洋數千次，如果釀成啤酒，能夠讓全人類喝上 10 億年。

這些發明告訴我們，存在於星際間的這些生命的「硬體」是足夠多的，在適當的「軟體」組合下，生命的產生是一件必然的事情。

(2) 生命起源的有（外）生源說

有生源說理論認為，地球生命最早是由彗星或流星從宇宙中帶來的。例如，孕育著生命的行星遭到撞擊後，其殘骸彈射到宇宙中，而一些極端微生物（能夠在極端環境下存活）則夾雜在這些殘骸中一起進入宇宙。這些微生物隨著殘骸移動到其他行星前，會在穿越太空的長途旅行中處於休眠狀態。如果遇到了適宜的環境，這些生命的種子就會甦醒、生根、發芽、長大。

其中有一種名為「泛種論」的有生源理論認為，生命遍布宇宙，地球上最初的生命來自宇宙間的其他星球。也就是說，一些微生物或者構成生命的化學前體物質，能夠透過小行星或彗星等，從一個恆星系統傳遞到另一個恆星系統。

聽起來也許匪夷所思。但哈佛大學史密松天體物理中心（CfA）的研究人員基於這一理論創建了一個模型，透過計算證明了在銀河系（甚至其他星系）內，是可以在星際間做到生命傳播的。這也為泛種論假說增加了合理性。研究人員認為：「理論上，生命甚至可以在星系之間轉移，因為一些恆星可以從銀河系中逃逸出來。」、「宇宙中充滿了從星系中噴射出來的星星，這些天體被星系合併期間形成的大質量黑洞以極高的速度甩出去，可能在整個宇宙中傳遞生命。」

來自美國加利福尼亞大學柏克萊分校和夏威夷大學的科學家在實驗中發現，外太空環境中能夠創造出一種複雜的二肽物質，這些物質與胺基酸的形成存在關聯，而後者則是生命體形成的重要組成部分。參與研究的科學家表示上述發現說明地球生命可能生成於外太空，透過彗星或者隕石的「運輸」到達地球，隨後生命的原始狀態在地球上不斷催化生成蛋白質、酶類，甚至更加複雜的複合性物質（比如醣類等）。這些物質都是生命形成的必要條件。

的確，地球的年齡相比起宇宙存在的時間，還是太年輕了，年輕的地球不足以滿足生命產生所需要的漫長的時間。而宇宙不年輕，所以，宇宙中的某個或者某些地方會產生生命，起碼在時間因素上是能夠得到滿足的！

目前在銀河系很小的一片範圍內，就已探測到約 900 顆地外行星（圖 2.13），科學家們從而推斷出僅在銀河系中，就有約 400 萬個適宜生命存在的行星系（其中大多數和表面溫度較低的紅矮星共生）。這些行星系之間是完全可以透過隕石、彗星來進行物質交換的。一般來說，當物體的運行速度大於行星系的逃逸速度時，物體直接被星體捕獲的機率就很低。但當物體的尺寸足夠小（小於次微米級，如細菌和病毒）時，則不受此條件的約束。簡而言之，運行中的彗星在經過一些星體時，其所攜帶的有機體和有機分子能夠輕易地被該星體捕獲。

（3）我們從宇宙中得到了什麼

構成生命的基本物質來源於宇宙，那我們都從宇宙得到了什麼呢？就如同 NASA 的研究人員論述的那樣：「我們並不清楚最初的地球生命是如何形成的。但是我們有足夠的理由相信，彗星和小行星撞擊地球帶來了大量形成生命必需的物質。」

圖 2.13　克卜勒太空望遠鏡拍到的與紅矮星共存的地外行星

首先，根據科學家的研究，生命實際上是非常頑強的。而彗星彗核的主要成分是冰物質，這將很容易為原始的生命提供一個庇護的場所。同時，彗星作為一顆運動的天體，也將有較大的機會將生命的種子散布到整個宇宙當中。這便是一部分科學家推測彗星帶來生命的重要原因之一。

其次，彗星還為地球帶來了大量的水分。每一顆彗星就可能含水達到上千萬噸，更重要的是這些水（經過彗星撞擊地球）可以形成一個巨大的湖泊（彗星帶有生命的有機分子，撞擊形成湖泊保留了讓生命進一步演化的水），為生命產生和演化提供條件。專家認為，冰物質撞擊到地球之後，不會像小行星那樣造成劇烈的影響和巨大的破壞，所以使得較多的水分可以得到保存。

2004 年，「星塵號」飛船飛進「維爾特 2 號」彗星 230 公里的地方，拍下了太空冰山的高解析度照片（圖 2.14）。「維爾特 2 號」彗星的直徑是 4.8 公里，它圍繞太陽運行一週的時間是 6.5 年。「星塵號」飛船穿越「維爾特 2 號」彗星彗核周圍稠密的氣體和塵埃時，飛船上一個氣凝膠容器「捕獲」了彗星塵埃。科學家在「維爾特 2 號」彗星塵埃樣本中發現了一種對所有生命形式都很關鍵的組成成分——氨基甘胺酸。

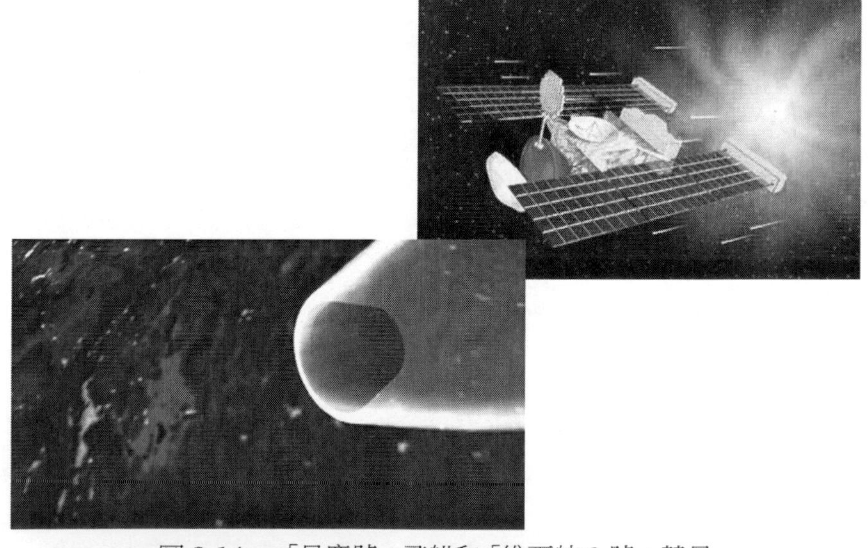

圖 2.14　「星塵號」飛船和「維爾特 2 號」彗星

2006 年「星塵號」飛船返回地球後，許多科學家隨即研究分析它帶回的「維爾特 2 號」彗星的塵埃。據悉，氨基甘胺酸是和彗星塵埃微粒相分離的。由於氨基甘胺酸含量微小，科學家花費了兩年多的時間才證實這一生命組成的基本成分，確實來自於宇宙空間。「我們透過碳同位素檢測發現了彗星中包含氨基甘胺酸」，研究人員對大眾說。

探測器「羅塞塔號」的太空任務始於 2004 年，並在 2014 年成功登陸彗星，是有史以來第一次有人造探測器降落在彗星上，以獲取有關彗星的直接資訊來解開人類對它的疑惑。研究彗星上是否存在有機物是這個計畫的主要目的之一。在 2004 年美國太空總署的「星塵」任務中首次發現氨基甘胺酸，但許多科學家懷疑此樣品因（彗星）太靠近地球而遭受汙染，所以沒有採信。但此次是直接登陸楚留莫夫－格拉希門克彗星表面。在彗星上明確地檢測到了氨基甘胺酸，而且事實上彗星表面具有大量的有機物，包含了生成生命的所有必要的成分。由於彗星上的溫度太冷，以至於不可能激發生命的化學反應（過程）。但是，如果把這樣的彗星「丟入」液態原始海洋，那麼生命的誕生就簡單了許多。但是它們進入地球時會不會像流星體那樣「灰飛煙滅」？ NASA 的科學家們透過模擬隕石撞擊實驗得到的相關資料顯示，DNA 和一些細菌孢子能在進入地球大氣層時抵抗極端高溫和壓力，並最終存活下來。

2001 年，英國卡迪夫大學的天文學家宣布，他們利用高空氣球上的冷凍取樣器發現並收集到了地外生命存在的直接證據——在地球高層大氣裡的地外細菌。電子顯微鏡圖像顯示，它們是像珊瑚蟲一樣的物質，大小在 5 ～ 15μm 之間。這些細菌取自於距離地面 41 公里的高空，位於平流層的上部。卡迪夫大學的研究人員認為，這種位於如此高度的細菌不可能來自於地球，只有可能是由地外的飛行物所帶來的。因此，這些細菌能作為地外生命存在的一個重要證據。

最近 NASA 在太陽系早期兩種富碳隕石表面發現了醣分子。經過分析，這種醣分子不同於地球醣，是來自地外的醣分子。研究者認為，這些醣物質可能是在恆星光（輻射）轟擊漂浮於恆星之間的稠密塵埃雲時產生的，然後附著在小行星上進入太陽系，最終隨著隕石降落在地球上。糖是構成生命所必不可少的物質之一。「天外醣」的發現，為生命可能來源於地外，提供了又一證據。

在 2014 年著陸 67P 彗星彗核表面的歐洲太空總署「菲萊」（Philae）著陸器，在彗核表面發現了 16 種不同的有機分子。這些分子可能曾經在形成地球上最初的胺基酸和鹼基以及醣類的階段發揮了重要作用。

彗星帶給地球生命的種子

達爾文《物種起源》（On the Origin of Species）的問世，揭示了物種由簡單到複雜，由低等到高等，由陸生到海生或者相反的變化內因，然而對於較低等的物種又是從何而來，沒有做太多的解釋和論證，這也使得生命的起源總是以一種非常神祕的狀態「從天而降」地呈現在人們面前。遵循達爾文的理論，有生源說在解釋生命起源時也是更有優勢的。

地球生物組織中的蛋白質具有高度的選擇性，只使用了已發現胺基酸的不到 1/5，而這些胺基酸種類又是經過嚴格篩選出來的。按照隨機產生的機率計算，即使生成一個很簡單的具有生物活性的蛋白質，也需要遠遠大於可能性的次數才能隨機產生，其自然機率也小到幾乎不可能出現。我們再想想原始的地球，地質研究表明，地球大約是在 46 億年前形成的，那時候地球的溫度很高，地面上的環境與現在的完全不同：天空中赤日炎炎、電閃雷鳴，地面上火山噴發、熔岩橫流。從火山中噴出的氣體，如水蒸氣、氫氣、氨、甲烷、二氧化碳、硫化氫等，構成了原始的大氣層（原始的大氣層中沒有氧氣），也就是說原始大氣是一個極度缺氧的環境。這樣地球也就沒有臭氧層的保護。在強烈的紫外線照射下，DNA、RNA 及蛋白質即使生成了也難以存在。假如有氧氣存在，其強烈的氧化能力也會破壞蛋白質等有機分子。因此，原始地球上構成生命的有機物質更可能來自於地球以外的太空。

地球上最早的生命或構成生命的有機物，來自於其他宇宙星球或星際塵埃。某些微生物孢子可以附著在星際塵埃顆粒上而落入地球，從而使地球有了初始的生命。但我們清楚，宇宙空間的物理條件，如紫外線等各種高能射線以及溫度等條件對生命都是致命的，而且，即使有這些生命，在它們隨著隕石穿越大氣層到達地球的過程中，也會因（摩擦）溫度太高而被殺死。因此，像微生物孢子這一水平的生命形態看來，是不大可能從天外飛來的。但是，一些構成生命的有機物完全有可能來自宇宙空間。

(1) 隕石裡的證據

1969 年 9 月 28 日，科學家發現，墜落在澳洲默奇森鎮（Murchison）的一顆碳質隕石中就含有 18 種胺基酸，其中 6 種是構成生物的蛋白質分子所必須的。科學研究顯示，一些有機分子如胺基酸、嘌呤、嘧啶等分子可以在星際塵埃的表面產生，這些有機分子可能由彗星或其隕石帶到地球上，並在地球上演變為原始的生命。

2011 年 2 月，一個美國科學家小組宣布，他們從 1995 年在南極洲發現的一塊編號為「Grave Nunataks95229」的隕石中，提取了 4g 岩石粉末樣品進行化學分析，發現其中含有豐富的氮元素，它是構成生命的基本元素。

2011 年 3 月，美國宇航科學家胡佛（Hoover）宣稱他將發現自南極、西伯利亞和阿拉斯加的碳質球粒隕石（圖 2.15）切片掃描，發現「大型複雜絲狀體」，這種類似地球上能產生氧氣的藍藻細菌的外星微生物化石，或可以證明外星生物的存在。

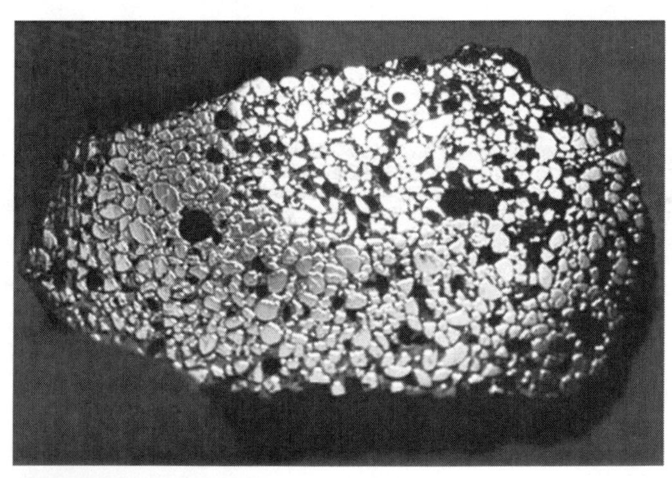

圖 2.15　碳質球粒隕石

碳質球粒隕石是一種富含水與有機化合物的球粒隕石，被認為最能保存形成太陽系的太陽星雲的成分。

同時，借助於先進的大型光譜儀，美國科學家在 11 種富含有機物的含碳隕石中，找到了形成脫氧核糖核酸（DNA）與核糖核酸（RNA）所必需的核鹼基。研究發現的 3 種核鹼基，分別是嘌呤、2,6- 二氨基嘌呤和 6,8- 二氨基嘌呤，這三種核鹼基在地球生態中極少或根本不存在。研究表示，科學家對隕石墜落附近的土壤及冰進行採樣，化驗後，這三種核鹼基的濃度很不顯著。實驗證明，除了來自外層空間之外，沒有別的方法可解釋這些化學物質的出現。因此，DNA 的起源很可能來自外層空間。

在隕石中，我們發現了構成生命的基本元素，甚至發現了構成生命的有機分子——構成蛋白質的胺基酸，構成 DNA 的核糖等。並且有證據證明這些有機分子不是來自地球的「汙染」，而是來自遙遠的宇宙，隨隕石墜落地球。因此隕石裡的證據具有很強的說服力。

（2）宇宙空間的證據

2002 年，科學家透過無線電望遠鏡觀測，首次在銀河系中心地帶的氣體塵埃雲團中，發現了脫氫乙二醇這種可參與構成生物體的醣分子。發現醣分子的巨型氣團與地球相距約 26,000 光年。在這個星際雲層中包含著 120 多種化學分子，其中少數是由 8 個或 8 個以上原子構成的複雜分子。醣分子能在這裡被發現，已經說明有機分子可以在極度惡劣的環境中合成（銀河系中心是一個巨大的黑洞，有著極強的高能粒子輻射）。糖分能夠維持生命，當醣類物質和胺基酸等有機物隨著天體撞擊，大量來到地球並富集起來之後，就為生命的出現提供了化學（物質）基礎。這一切都從另一個側面論證了地球生命的構成物質可能源自太空的觀點。

（3）未解之謎的證據

從馬雅文明之謎到埃及金字塔之謎，從納斯卡地線（圖 2.16）之謎到美洲金字塔之謎，等等，史前文明的繁榮留下了太多的謎團給我們，在這些浩大的工程中，僅靠人類是完成不了的，即便是在今天，我們依舊要借助重型機械來幫助我們才能完成它，可想而知在遙遠的史前，又靠什麼呢？或許有外星人還真是一個更可能的解釋，來自外太空的生命在地球上繼續創造了他們的文明。從這一點出發，我們可以肯定的是外部空間裡一定存在我們未知的生命，或是構成生命的物質，這也正為有生源說提供了一個有力的推測依據。

圖 2.16　位於南美洲的「納斯卡地線」至今也沒有合理的解釋

宇宙空間的證據，說明了宇宙空間具備產生構成生命有機物質的條件，並產生有機物質；隕石裡的證據，說明了宇宙空間產生的構成生命的有機物質，能夠隨隕石到達地球；未解之謎的證據，說明了宇宙空間的生命物質曾在地球上發展為高文明的生物，並創造了發達的文明。也就是說，關於生命起源於外太空的假說，我們已經有了諸多的證據。但是，就目前而言，我們還是難以下結論說生命起源於外太空或是地球本身，因為還有許許多多的問題等待我們解決，這項艱巨的任務還需要我們進一步的努力，雖然不一定在幾年甚至幾十年內有所進展，但只要我們繼續努力，相信終會有一天我們會揭開生命起源的真面目。

彗星可能帶來了生命的種子，可是彗星（小行星）的撞擊也滅絕了不可一世的恐龍。針對一些人對於有機物質能否承受住彗星與地球的猛烈撞擊，而依然能存活下來的質疑，科學家們也展開了一系列的實驗。加利福尼亞大學柏克萊分校的科學家專門為此進行了模擬撞擊實驗。他們在實驗室裡模擬彗星和小行星碰撞地球的高速度，將一個大小如普通盒裝飲料罐的「彈頭」射向一個金屬目標，該金屬目標上有一個水滴，水滴內含有各種胺基酸。這其中，胺基酸是構成蛋白質的基礎材料，科學家在彗星和小行星上也發現了這些胺基酸。因此，這些胺基酸正好用來模擬可能存在於彗星內的生命物質。

實驗發現，當撞擊過程結束後，大部分的胺基酸並沒有遭到破壞，有的胺基酸還化合成為肽，而肽是形成蛋白質的前期產物。科學家還發現，如果讓金屬目標按照彗星和小行星表面那樣的標準結上冰，以更為真實地模擬彗星和小行星碰撞地球的狀況，這些胺基酸的濃度還要增高。

地球曾經遭受大量的天體撞擊（LHB），撞擊天體穿過地球大氣層時，外表被加熱至很高的溫度，但天體內部可以保持較低的溫度，撞擊產生的能量可以促進相關化學反應的進行。研究發現，在較高的衝擊環境下，可產生 48 萬～ 60 萬個大氣壓，溫度可達到 6,200 ～ 8,180°C，這樣的環境條件可形成甲烷、甲醛或者一些長鏈碳分子物質。而當衝擊壓力為 36 萬個大氣壓、溫度達到 4,600°C時，彗星內部的二氧化碳和冰的混合物，以及含氮雜環化合物就可形成芳香烴類物質。根據統計，早期的彗星和小行星撞擊事件可以每年為地球帶來 10^5 億 kg 的有機物質。可以想像，早期地球環境可以（能）儲存了大量的有機物質，它們進入地球（適宜生命）的環境後就開啟了地球生命的演化歷程。

關於彗星撞擊，科學家給出了這樣「辯證」的說法：「彗星撞擊通常與地球上的生物大滅絕相伴，但研究表明，它們或在整個生命最初誕生的時候幫了很大一個忙。」

彗星就是地球生命里程中的「鳳凰鳥」——浴火重生！

2.1.3　我們喝的是「彗星水」

水是生命之源，地球上水的起源一直以來都是非常重要的科學問題。在地球演化過程中，水造成了化學反應劑和潤滑劑的作用，直接促進了地球的演化和生命的起源。地球上水的起源和形成時間，決定了地球演化的方向和生命起源的時間。

就目前相關地球演化、地球構造和地球物理的研究來看，地球上水的來源大致有三種說法，稱之為：「初生水」、「彗星水」和「太陽水」，第一種稱之為「自源說」，後兩種則稱為「外源說」。至於哪一種來源為主，目前還在爭論之中。我們認為，地球演化由來已久，地球上水的來源應該是多樣的，也就是說，以下我們討論的三個來源，都應該是地球上水的來源的一部分，至於哪種來源占比更多，那是專家的事情。

- ☼ **第一種來源——「初生水」**：一次火山爆發噴出的水蒸氣就可以達到幾百萬公斤。不難想像，在漫長的地球歷史發展過程中，這樣產生的水是難以計數的。
- ☼ **第二種來源——「彗星水」**：我們發現每分鐘都有一些由冰物質組成的彗星落到地球上（圖 2.17）。據估計，在地球形成的46億年中，共有23億立方公里的「彗星水」進入地球。
- ☼ **第三種來源——「太陽水」**：也有科學家提出觀點，認為是太陽風導致了水的產生。據推算，從地球誕生到現在，地球吸收太陽風（吹來的物質）的總量達 1.70×10^{23}g。其中含有大量的氫，如果這些氫全部與地球上的氧結合，可以產生 1.53×10^{24}g 的水，與地球目前總量 145 億噸水量的數字十分接近。

圖 2.17　彗星撞擊地球帶來大量的水

地球上的水是「娘胎」裡帶來的嗎

與外源說相對的是自源說，自源說認為地球上的水來自於地球本身。地球是由原始的太陽星雲氣體和塵埃經過分餾、塌縮、凝聚而形成的。凝聚後的這些星子繼續聚集形成行星的胚胎，然後進一步與其他「星子」碰撞、結合，增大生長而形成原始地球。

地球起源時，形成地球的物質裡面就含有水。在地球形成時溫度很高，水或在高壓下存在於地殼、地函中，或以氣態存在於地球大氣中。後來隨著溫度的降低，地球大氣中的水冷凝落到了地面。岩漿中的水也隨著火山爆發和地質活動不斷釋放到大氣、降落到地表。匯集到地表低窪處的水就形成了河流、湖泊、海洋。

地球內部蘊含的水量是巨大的。地下深處的岩漿中含有豐富的水。有人根據地球深處岩漿的數量推測，在地球存在的 46 億年內，深部岩漿釋放的水量可達現代全球大洋水的一半。

還有一種說法認為在地球開始形成的最初階段，其內部曾包含有非常豐富的氫元素，它們後來與地表、地函中的氧發生了反應並最終形成了水。

地球上的水是彗星小行星「撞擊」帶來的嗎

所謂「外源說」，顧名思義，認為地球上的水來自地球外部。而外來水源的候選者之一便是彗星和富含水的小行星。

被譽為「髒雪球」的彗星，其成分是水和星際塵埃，彗星撞擊地球會帶來大量的水。而有些富含水的小行星降落到地球上成為隕石，也含有一定量的水，一般為 0.5% ～ 5%，有的可達 10% 以上，其中碳質球粒隕石含水更多。碳質球粒隕石是太陽系中最常見的一種隕石，大約占所有隕石總數的 86%。正因如此，一些科學家認為，正是彗星和小行星等地外天體撞擊地球時，將其中冰封的水資源帶入地球的環境中。

然而，科學家研究發現，大多數彗星水的化學成分與地球（現存）水並不匹配。德國明斯特大學的學者認為，既然隕石是在地球形成階段就已經降落到地球了，那麼應該在地球的地函中留下相應的化學痕跡。如果水確實是在這一階段由隕石帶到地球上的，那麼地函中的同位素水準和隕石中的同位素水準應該相同，而當他們將不列顛哥倫比亞塔吉胥湖的隕石中釕同位素，及地球地函中釕同位素進行對比分析後卻發現，兩者的同位素水準並沒有任何相似之處。

據此，德國的科學家表示，這證明，如果水確實是由彗星或小行星帶到地球上的，則其來到地球上的時間並不是地球的形成期，而是地球演化到形成地殼和地函之後的時期。但並不排除另一種情況，即水最開始其實是星際塵埃的組成部分，而地球則正是由星際塵埃所組成的。

地球上的水是太陽風「吹」出來的嗎

外來水源的另一個候選者是太陽風。太陽風是指從太陽日冕向行星際空間輻射的連續的等離子體粒子流，是典型的電離原子，由大約 90% 的質子（氫核）、7% 的 α 粒子（氦核）和極少量其他元素的原子核組成。當這樣的太陽風到達地球大氣圈上層時，包含在裡面的大量氫核、碳核、氧核等原子核，就會與地球大氣圈中的電子結合成氫原子、碳原子、氧原子等。再透過不同的化學反應變成水分子，據估計，在地球大氣的高層，每年幾乎能產生 1.5t 這種「太陽水」。然後，這種水以雨、雪的形式降落到地球上。

更重要的是，地球水中的氫與氘含量之比為 6,700 ： 1，這與太陽表面的氫氘比也是十分接近的。這可以充分說明地球水來自太陽風。但太陽風形成的水是如此之少，在地球 46 億年生命史中，也不過形成了 67.5 億 t 水，與現今地球表面的水儲量（包括液態水、固態冰雪和氣態水氣）1.3860×10^{10} 億噸相比，不過九牛一毛。但是，結合地球大氣的三次演化過程，地球大氣是有過「富含」氧氣的時期的，也就是說，不能簡單地以目前的大氣成分，去推斷「太陽水」的生產能力，應該不排除在地球的演化進程中，可能有一個大量產生太陽水的時期。

為什麼人們會相信彗星是地球水分的來源呢

在太陽系誕生之前，我們這片宙域瀰漫著某顆超新星爆發後殘留的分子雲遺骸，裡面包含著大量的氣體、水（冰塵）以及固體顆粒。在悠久的時光中，星雲中的某處由於某種原因（最可能的就是超新星爆發）發生了重力塌縮，當塌縮的幅度足以啟動氫的聚變時，便點燃了年輕的太陽。圍繞著這個重力源，原行星盤開始旋轉形成。常識告訴我們：越靠近太陽的地方溫度越高。在當時的原行星盤中，距太陽一個天文單位（Astronomical Unit, AU，即太陽—地球平均間距，約 149,597,871 公里）之內的水分都是無法穩定存在的。新生的太陽，將離它最近區域內的冰塵蒸發成為稀薄的水蒸氣，進而用猛烈的太陽風將它們和其他氣體組分一道吹向外側空間，直到溫度降至（水的）凝固點的地方，才慢慢固結為冰塊就位下來，構成瀰散於太陽系外帶（火木小行星帶以外）的塵埃雲（現在的歐特雲帶）。只剩下那些熔點又高、密度又大的物質——比如矽酸鹽、鐵鎳等滯留在靠近太陽的區域。這些融不掉又吹不走的「釘子戶」在內帶（火木小行星帶以內）頻繁地碰撞、黏結，最終如滾雪球般裹成一個個巨大的固體球塊，形成了今天的水星、金星、火星，當然，還有我們的家——原始地球。

由此可見，我們地球所在的太陽系內帶區域，一直就是岩石行星們的樂園，完全不是水這種沸點極低、密度極小的「小傢伙們」該待的地方。按照太陽的「引力規矩」，水分理應大量分布在外帶，天生與內帶的岩石行星沒有緣分。火星、金星、水星，哪個不是乾禿禿的死寂的世界？但是我們這個星球確實存在很多很多的水。那麼它們應該從哪裡來呢？答案就是地球演化歷史的後期重轟炸（LHB）。我們前面說過，現在月亮上那些密密麻麻的隕石坑，絕大多數都是在約 38 億年前形成的，形成於其他時間的則非常少。它們都是彗星和小行星撞擊的結果。而這一過程，同樣也發生在了當時的地球上。

38 億年前的太陽系早期，剛誕生的巨行星們（類木行星）位置並不固定，它們還在四處找地方就位。而在動量守恆這麼一條鐵律下，行星的頻繁變軌，必然伴隨著巨大的動量交換。巨行星稍微釋放出一點動量，就足以徹底改變彗星、小行星這類經不起折騰的渺小「塵埃」們的軌道，將其「彈飛」。於是，無數的小天體就被蕩進內帶了（要知道火星與木星之間是一個有超多小天體的「火木小行星帶」）。這些重新飛進太陽系內帶的隕石和彗星無疑就是一顆顆的炸彈，朝內帶所有的岩石行星（類地行星）進行無差別的轟炸。至今，在那些地質作用近乎停滯的星球譬如水星和月球上，還清晰地保留著 38 億年前的這次「轟炸任務」的新鮮彈坑。

撞入地球的天體中有無數的冰塊（彗星），不是正能夠解釋地球上巨大水儲量的來源嗎？這些水分一旦落入地球的引力圈內，便不容易被太陽風給趕走了。正好，38 億年前也是地球的熔融表層開始凝固為固態岩石的時代，於是，一個如同神話般的壯闊場景，便在科學的框架中清晰了起來：當時，全球熔融的熾熱地表，將無數彗星帶入地球的水分蒸發，富集在原始的大氣中。而隨著地表的冷卻，水分開始從大氣中凝固，全球級的無盡豪雨，從混沌的原始大氣中傾瀉而下，沖刷著地球新生的地表（圖 2.18）。這樣看來，聖經中提到過的「大洪水」還有「諾亞方舟」並非是「子虛烏有」。

圖 2.18 原始地球曾經有過富有水的年代

事件發生在 38 億年前，這是科學家透過同位素測定的方法得到的。但是，也是因為同位素的原因，使得一些科學家不承認地球水就是「彗星水」的說法。

科學家們分別統計了地球水以及三個著名的大彗星——哈雷（Halley）、百武（Hyakutake）和海爾波普（Hale-Bopp）的 D/H 值（同位素的平均配分比），結果發現彗星水的 D/H 值居然比地球水高出了兩倍多！由於同位素的化學性質一樣，在化學反應中不具有任何特殊性，帶來的結果便是：只要來自同一個初始來源，哪怕隨後分別進入不同系統中參與化學反應，其同位素的 D/H 值大致上也是不變的。眾所周知，水在地球上的循環以及與地球其他物質之間的作用，顯然不涉及核反應，如果地球上的水全是彗星帶來的，那按說 D/H 值應該一樣才對。所以，科學家們相信，兩者顯著的差異只能有一種解釋，那就是：彗星，其實並不是幫地球「開門，送水」的那個勤勞的快遞員。

那麼，似乎彗星被趕走了，然後呢？然後就沒有然後了嗎？不，然後還會有太多然後的。問題來了，自源說所持的一個關鍵性證據是，在太陽系形成之前，星雲遺骸中已然存在著大量的水分子，這些水分子可能在原始地球形成中富集下來。但是模擬顯示，類地行星在形成過程中很難直接把原行星盤裡的氣態物質吸積為原始大氣。更關鍵的問題在於：自源說同樣要面對 D/H 值不一致的問題。科學家們透過木星和土星中的 CH_4 推測出原始太陽系的 D/H 值，發現它們相較於地球水的比值又低太多了。所以，自源說其實出現了跟彗星水同樣的問題，儘管期間也提出過諸如同位素分餾之類的替代方案，但與其在一堆問題上修修補補，不如認可自洽性相對更完善的外源說來得更為實在。

持外源論的科學家們還有一個「祕密武器」，就是後期重轟炸（LHB）這個前提是對的，可以不改變。「錯」的不是至今已經獲得了大量行星地質證據和天體物理模擬的 LHB 理論，「錯」的只是轟炸的炸彈——彗星。彗星只是炸彈的一部分，「炸彈」裡還有更多的岩石質小行星呢。它們落入地球，便是隕石。研究發現，碳質球粒隕石不僅富含水分，水的質量百分比甚至可達 17%。更關鍵的是，這種隕石的 D/H 值與地球水非常一致，因此很快外源說便又成為當下關於地球水來源的優勢理論。

除了在地球上尋找碳質球粒隕石之外，人們也打起了在小行星帶裡運行得好好的那些小天體的主意。最近科學家們只要在小行星帶上發現一點水分，就總覺得它們很可能隱藏著解開水之源的奧祕。在名字全是數字的無數不起眼的小行星上找到一點同位素比值相近的水，不是什麼難事，我們在灶神星（Vesta）上就發現了令人感興趣的東西。

故事還在繼續，甚至彗星說也大有死灰復燃之勢──有人終究發出了這樣的聲音：畢竟我們至今測的僅僅是 3 個彗星的 D/H 值，它們能代表整個歐特雲帶的全部冰塊嗎？用區區 3 個彗星便將所有的彗星來源通通打入冷宮，或許真的顯得太武斷了一點。

所以，在我們真正找到「地球水源」之前，我們還是繼續喝我們的彗星水吧！

2.2 彗星──變幻莫測的「怪物」

一般的天體都是晶瑩可愛的光點，但有時天上也會出現毛骨悚然的「怪物」，它那淡淡的銀光常常還拖著一條搖曳不定的長尾，這就是古人十分懼怕的彗星。而且，人類對彗星的恐懼中外皆同。前面說過，無論中外對彗星的描述和稱呼都難有好聽的詞彙。彗星的起源已經介紹過了，想更詳細認識彗星，我們還需要了解更多的知識。

2.2.1 彗星細說

彗星的來源

現在廣為天文學家所接受的理論認為，太陽系外圍存在有古柏小行星帶（Kuiper Belt）和歐特雲帶（Oort cloud，圖 2.19）。長週期彗星可能來自歐特雲帶，而短週期彗星可能來自古柏小行星帶。

歐特雲帶理論

1950 年，荷蘭天文學家揚．歐特（Jan Oort）提出在距離太陽 30,000 AU 到一光年之間的球殼狀空間帶，有數以億計的彗星母體存在，這些彗星母體是太陽系形成早期時的殘留物。有些歐特彗星偶爾受到「路過」的天體的影響，或由於彼此間的碰撞，會離開原來的軌道。離軌彗星之中的大多數，沒有進入太陽系的範圍。只有少數彗星，以各式各樣的軌道進入太陽系。不過到目前為止，歐特雲帶理論僅僅是假設，尚無直接的觀測證據。

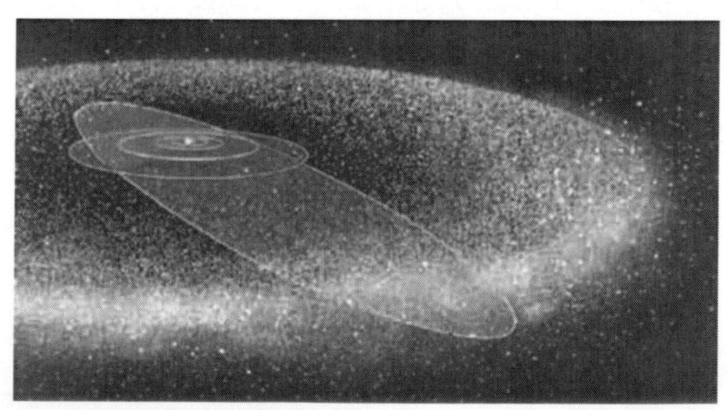

圖 2.19　彗星的「家」——歐特雲帶

彗星的組成和結構

彗星主要由 4 個部分組成（圖 2.20）。遠離太陽的時候，彗星只有一個彗核。接近太陽之後，通常是在火星軌道附近，逐漸產生彗核外面的彗髮、氫雲和彗尾。

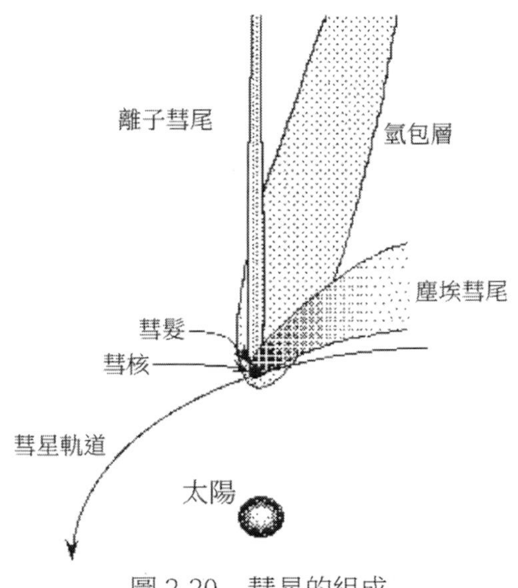

圖 2.20　彗星的組成

彗尾按其屬性分為兩種，一種是電離子體彗尾，通常呈藍色；另一種是塵埃彗尾，通常呈黃色或者紅色。彗尾又可從形態上分為Ⅰ、Ⅱ、Ⅲ三類。Ⅰ類彗尾長而直，略帶藍色，主要由氣體離子組成，現在常稱作「等離子體彗尾」（等離子體是正、負離子混合體，在大尺度上平均呈電中性）；Ⅱ類彗尾較彎曲而明亮；Ⅲ類彗尾更彎曲，這兩類彗尾略帶黃色，都由塵埃粒子組成，只是Ⅲ類彗尾的塵粒比Ⅱ類的大一些，現在常一起稱作「塵埃彗尾」。

彗星從遠處運行到離太陽約 2AU 時，開始生出彗尾。隨著彗星接近太陽，彗尾變長變亮。彗星過近日點後，隨著遠離太陽，彗尾逐漸減小到消失（圖 2.21）。彗尾最長時達上億公里，個別彗星（如 1842c 彗星）的彗尾長達 3 億 2 千萬公里，超過太陽到火星的距離。

根據彗星的軌道，彗星可以分為週期性彗星（橢圓軌道）和非週期性彗星（拋物線或雙曲線軌道）兩種。非週期性彗星是太陽系的「過客」，我們更感興趣（實際是可預測軌道、可追蹤觀測）的是週期性彗星。表 2.1 給出了一些已經確認的週期性彗星，它們是可能在近 50 年內回歸的週期性彗星。

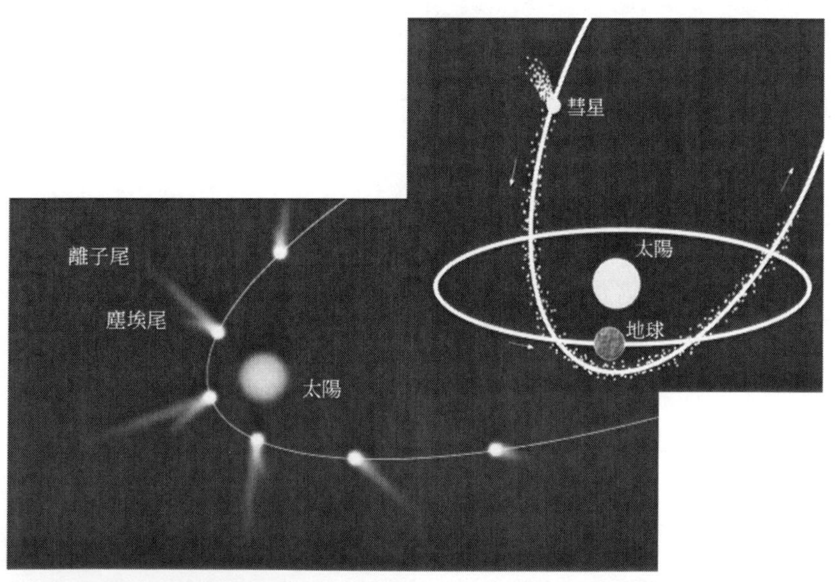

圖 2.21　彗星軌道和彗尾的變化情況

表 2.1　近 50 年內可能回歸地球的週期性彗星

序號	彗星名稱	週期 / 年	最初出現年分	回歸次數	預計最近回歸時間年分
1	恩克	3.30	1786	63	2020
2	葛里格 - 斯克傑利厄普	5.10	1902	14	2022
3	杜托伊特 II	5.20	1945	2	2023
4	坦普爾 II	5.27	1873	18	2024
5	本田 - 姆爾科斯 - 帕伊杜莎科娃	5.28	1948	7	2021
6	施瓦斯曼 - 瓦赫曼 III	5.32	1930	2	2022
7	諾伊明 II	5.40	1916	2	2019
8	坦普爾 I	5.50	1867	8	2022
9	克拉克	5.50	1973	3	2022
10	塔特爾 - 賈科比尼 - 克雷薩克	5.58	1858	7	2023
11	庫林	5.82	1939	1	2022
12	沃塔南	5.87	1947	6	2021
13	羽根田 - 坎波斯	5.97	1978	2	2020
14	威斯特 - 柯侯德 - 池村	6.07	1975	3	2023
15	拉塞爾	6.13	1979	1	2021
16	維爾特 II	6.17	1987	3	2020
17	達雷	6.23	1951	14	2023
18	柯侯德	6.23	1975	2	2022
19	福布斯	6.27	1929	7	2023
20	德威科 - 斯威夫特 - 尼特	6.31	1941	4	2024
21	特里頓	6.34	1978	2	2020
22	寵斯 - 溫尼克	6.36	1819	20	2024
23	坦普爾 - 斯威夫特	6.41	1969	5	2023
24	卡普夫	6.43	1906	13	2024

序號	彗星名稱	週期 / 年	最初出現年分	回歸次數	預計最近回歸時間年分
25	施瓦斯曼 - 瓦赫曼 II	6.50	1929	9	2022
26	賈可比尼 - 秦諾	6.52	1900	11	2023
27	沃夫 - 哈林頓	6.53	1924	7	2022
28	楚留莫夫一格拉希門克	6.59	1969	4	2021
29	科瓦爾 II	6.51	1979	2	2023
30	紫金山 I	6.65	1965	5	2024
31	吉克拉斯	6.68	1978	6	2023
32	威爾遜 - 哈靈頓	6.70	1951	7	2022
33	雷恩穆特 II	6.74	1947	11	2021
34	約翰遜	6.76	1949	5	2024
35	包瑞利	6.77	1905	3	2021
36	珀賴因 - 馬寇斯	6.78	1896	6	2023
37	岡恩	6.82	1969	3	2023
38	紫金山 II	6.83	1965	7	2024
39	阿倫 - 里高克斯	6.83	1950	4	2022
40	哈靈頓	6.80	1953	2	2021
41	史匹塔勒	6.89	1890	1	2020
42	布魯克斯 II	6.90	1889	12	2021
43	維爾特 III	6.89	1980	1	2021
44	芬利	6.95	1886	11	2022
45	泰勒	6.98	1916	3	2023
46	郎莫爾	6.98	1974	2	2021
47	丹尼爾	7.09	1909	7	2020
48	沙金 - 沙爾達徹	7.26	1949	4	2021
49	法伊	7.39	1943	17	2021
50	德威科 - 斯威夫特	7.41	1844	3	2021

序號	彗星名稱	週期 / 年	最初出現年分	回歸次數	預計最近回歸時間年分
51	阿什布魯克 - 傑克遜	7.43	1948	6	2021
52	惠普爾	7.44	1933	8	2023
53	舒斯特	7.48	1978	2	2022
54	哈靈頓 - 阿貝爾	7.58	1954	6	2021
55	雷恩穆特 I	7.59	1928	7	2026
56	梅特卡夫	7.77	1906	1	2022
57	小島	7.86	1970	3	2022
58	肖爾	7.88	1918	1	2020
59	格雷爾斯 II	7.94	1973	3	2021
60	阿倫	7.98	1951	6	2023
61	格雷爾斯 III	8.11	1977	3	2024
62	肖馬斯	8.23	1911	7	2024
63	傑克遜 - 諾伊明	8.37	1936	3	2020
64	沃夫	8.42	1884	14	2024
65	斯默諾瓦 - 徹尼克	8.53	1975	2	2026
66	科馬斯 - 索拉	8.94	1927	7	2022
67	基恩斯 - 克威	9.01	1963	3	2026
68	丹寧 - 藤川	9.01	1881	2	2022
69	斯威夫特 - 格雷爾斯	9.23	1889	3	2028
70	諾利明 III	10.57	1929	4	2025
71	蓋爾	10.88	1927	2	2024
72	克萊莫拉	10.95	1965	2	2020
73	貝辛	11.05	1975	1	2019
74	維薩拉 I	11.28	1939	6	2025
75	斯勞特 - 伯納姆	11.62	1958	4	2026
76	范·比斯布羅克	12.39	1954	3	2028

序號	彗星名稱	週期 / 年	最初出現年分	回歸次數	預計最近回歸時間年分
77	桑吉恩	12.52	1977	1	2027
78	懷爾德	13.29	1960	2	2026
79	塔特爾	13.68	1790	11	2019
80	切爾尼克	14.0	1978	1	2020
81	格雷爾斯 I	14.54	1973	1	2030
82	杜托伊特 I	15.0	1944	2	2033
83	施瓦斯曼 - 瓦赫曼 I	15.0	1925	4	2019
84	科瓦爾	15.1	1977	1	2022
85	范 · 豪頓	16.1	1961	1	2025
86	諾利明 I	17.9	1913	5	2020
87	奧特麥	19.3	1942	3	2034
88	克倫梅林	27.4	1818	5	2038
89	坦普爾 - 塔特爾	33.2	1366	4	2031
90	斯蒂芬 - 奧特麥	37.7	1867	3	2055
91	威斯特費爾	61.9	1852	2	2038
92	杜比亞戈	67.0	1921	1	2055
93	奧伯斯	69.5	1815	3	2026
94	龐士 - 布魯克斯	71.9	1812	3	2026
95	布羅森 - 梅特卡夫	70.6	1847	3	2059
96	德維克	75.7	1846	1	2064
97	哈雷	76.0	-466	29	2062
98	維薩拉 II	85.4	1942	1	2027
99	梅利什	145	1917	1	2062
100	赫歇爾 - 利哥萊	155	1788	2	2058

2.2.2　尋找彗星

看完表 2.1，你可能會想最近兩年能夠看到的彗星不少呀，為什麼總有人說近 50 年不會有「大彗星」呢？從表格中看，回歸的彗星是不少，但它們都很暗，沒有一定的設備是很難欣賞到的。還有，彗星的名稱看上去似乎都是人名？是的。彗星的命名規則就是這樣的。表格中彗星的名字基本上都是簡稱，全稱代表了更多的天文學意義。一般的愛好者能用簡稱去區分彗星就好了。

彗星的命名辦法是國際天文聯合會在 1995 年 1 月 1 日開始採用的，包含的資訊有：彗星的性質（週期性）、發現的時間（年月）、被發現時的序列（號）和發現者的名稱。一般情況下，針對天文愛好者和一般大眾，用發現者的名字去「稱呼」彗星就可以了。

對於彗星屬性的描述，國際天文聯合會是這樣規定的：P/ 表示短週期彗星；C/ 表示長週期彗星；D/ 表示丟失的彗星或者不再回歸的彗星；A/ 表示可能是一顆小行星；X/ 表示無法算出軌道的彗星。斜槓（/）後面給出發現的西元年分，空一格後是月分表達，用大寫的英文字母：A=1 月 1—15 日，B=1 月 16—31 日，C=2 月 1—15 日，……，Y=12 月 16—31 日，I 除外。英文字母的後面是彗星被發現的那半個月的彗星序列號。再空一格就是發現彗星人的名字的縮寫。

例如，2500 年 1 月 10 日發現一顆彗星，這是一顆長週期彗星，也是該年 1 月上旬發現的第 50 顆彗星，發現者是 Tom，則彗星命名為 C/2500 A50 Tom。大多數情況下我們對彗星並不是叫其全稱，就像你的家人平時更多地稱呼你的「小名」或暱稱一樣。一般做研究時經常稱呼名字的前半部分，忽略發現者，拿前面的全稱來說就是——C/2500 A50。而做介紹時，則是相反，就更多的是重視發現者的名字，同樣對前面的彗星，簡稱可以為——Tom 彗星，就如同表 2.1 用的名稱。

由於有時候剛發現的彗星被誤認為小行星，因此有一些彗星帶有小行星的編號，例如 C/2000 WM1 LINEAR 就是這樣的例子。

對於確認以後的短週期彗星還要加上編號，例如 1 號是哈雷彗星，2 號是恩克彗星等等。如果一顆彗星已經碎裂，那麼就要在名字後面加上 -A，-B，以便區分每一個碎核。

天文學中，所謂被「確認」的天體，就是指已經計算得出了它必要的軌道參數。針對彗星來說就是知道了彗星的軌道和週期。這需要透過多次觀測的資料，推算出彗星繞太陽公轉的 6 個軌道要素，即：近日距、過近日點時刻、離心率、軌道面對黃道面的傾角、升交點（在軌道上由南向北經黃道面上的點）黃經、近日點與升交點的角距，進而可以推算出彗星的曆表，即不同時刻在天球上的視位置（赤經與赤緯）。

尋找和確認彗星，無論是對於天文愛好者，還是專業的天文學家都是一件極其困難和需要耐心的事情。首先，在漫漫星海中，只有在彗星拉出尾巴時，你才能確認它的身分；其次，彗星家族中，大部分都是「流浪者」，也就是說，非週期性彗星要多於週期性彗星；再次，確定以上所說的 6 個軌道參數，需要多次的觀測、計算、比對；還有，即使是被確認了身分的週期性彗星，由於其太小的「身量」，當它們經過木星、土星這些太陽系中的「大塊頭」時，經常被迫改變其運行軌道。最後，別忘了它們都是繞太陽運行的，彗星這種「髒雪球」經過太陽的烈火歷練，能挺得過來嗎？也就是說它們可能會消失。看看下面的幾張照片（圖 2.22），你就能理解，1965 年的池谷一關彗星，10 月初過近日點時，它的近日距極小，僅有 46 萬公里。就是說它已經深入到太陽的內部了（太陽內冕的邊界距日面約 200 萬公里），要穿過溫度高達百萬攝氏度的日冕層，真好比是「飛蛾撲火」。可這顆彗星不喜歡這個成語，它更喜歡「浴火重生」，它居然從太陽身體裡出來了，而且還變得更亮、更加光芒。

不過，它只是幸運兒，像這種軌道很靠近太陽的彗星，我們稱之為「掠日彗星」。它們的下場，99% 都是在太陽這個大墳場中「灰飛煙滅」。2011 年，一顆彗星一頭衝進了太陽（圖 2.22（a）），NASA 所屬的太陽和太陽風層探測器（solar and heliospheric observatory, SOHO）在週二和週三之間（5 月 10—11 日）捕捉到這顆自殺的彗星衝向太陽的場景，但再也沒有看到它出來。

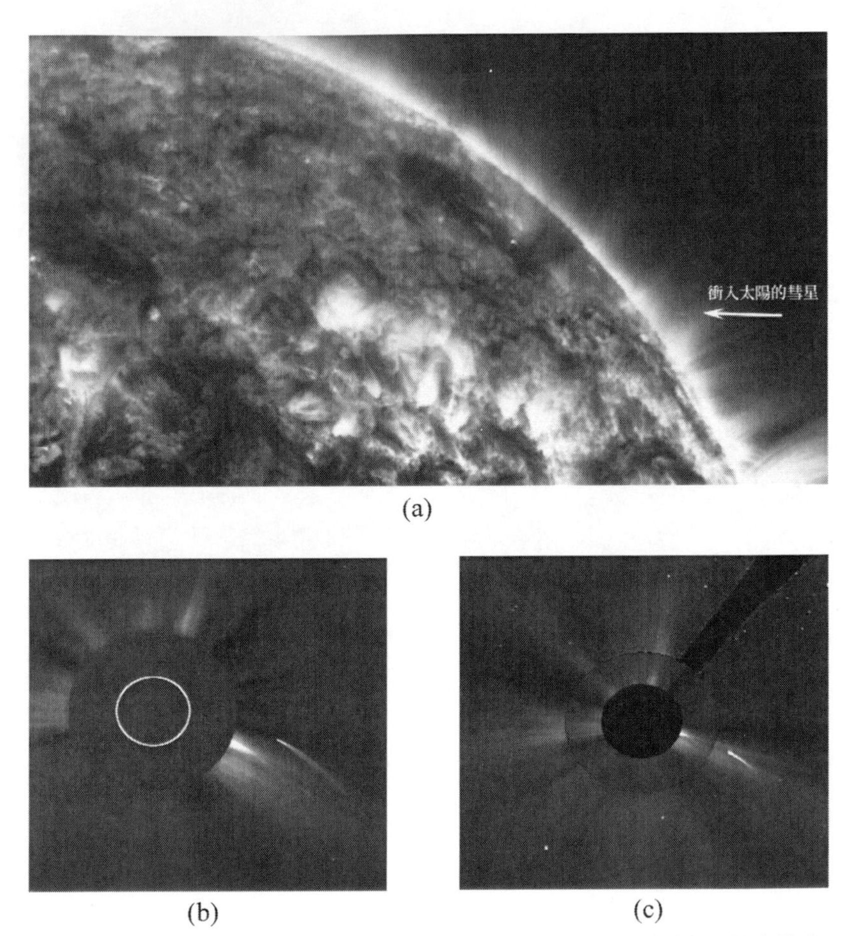

(a)

(b)　(c)

圖 2.22　圖（a）箭頭指向衝入太陽的彗星，圖（b）、（c）儀器遮擋住日面後，可以清楚地看到彗星

正在地球軌道運行的太陽動力學天文臺（Solar Dynamics Observatory, SDO）目睹了這一切。SDO 探測器上安裝的一臺高解析度相機，拍攝到了在大約 15 分鐘的時間內這顆彗星分崩離析的過程（圖 2.22（b）、（c））。這是之前從未觀測到的細節。

這樣「飛蛾撲火」的彗星之前已經觀測到很多，但是像這樣在衝入太陽的高溫中並發生解體的全過程被拍攝下來還是第一次。SDO 項目的官員稱：「考慮到太陽的巨大熱量和輻射，彗星體將徹底蒸發，無影無蹤。」

實際上，近半個世紀以來，只有 6 顆彗星——池谷彗星（C/1965 S1）、班尼特彗星（C/1969 Y1）、威斯特彗星（C/1975 V1）、百武彗星（C/1996 B2）、海爾 - 博普彗星（C/1995 O1）和麥克諾特彗星（C/2006 P1）能夠稱得上是十足的大彗星，不僅是因為它們的明亮，其觀測條件也非常好，相比之下 1986 年回歸的哈雷彗星就黯然失色了。如果以上的這些彗星都錯過了，那也沒關係，可以透過下面的照片見到它們當年的風采！我們這裡給出的 20 顆大彗星，每一顆都有故事可講，它們或者具有較高的亮度，或者具有奇特的外觀，不管怎樣它們在天文愛好者心中都是不可磨滅的記憶。

麥克諾特彗星（C/2006 P1）

勞勃 · 麥克諾特（Robert McNaught）是一位著名的彗星獵手，他在 2006 年 8 月 7 日發現了 C/2006 P1（圖 2.23），這已經是他發現的第 31 顆彗星了。但是這一次發現是不同尋常的，麥克諾特彗星在 2007 年 1 月 12 日過近日點，最靠近太陽時的距離只有 0.171 AU，它的亮度也達到了 -5.5 等的巔峰。這顆彗星讓南半球的同好們留下了深刻的印象，當時它的彗尾在天空中延伸了 35°，是一顆實實在在的大彗星。

圖 2.23　麥克諾特彗星

班尼特彗星（C/1969 Y1）

這顆彗星（圖 2.24）由約翰·班尼特（John Bennett）發現於 1969 年 12 月 28 日，在 1970 年 3 月 20 日過近日點，距離太陽 0.538 AU，亮度達到了 0 等，天文愛好者和天文學家們都對這顆彗星進行了大量的觀測，最終發現了彗核朝向太陽一面的短噴流。

圖 2.24　班尼特彗星

尼特彗星（C/2002 V1）

這顆彗星是由 NASA 的近地小行星追蹤計畫（near-earth asteroid monitoring plan, NEAT）於 2002 年 11 月 6 日發現的，它在 2003 年 1 月迅速增亮，在 2003 年 2 月 18 日過近日點，距離太陽 0.099 AU，亮度也達到了 -0.5 等，但是因為太接近太陽（掩映在太陽的光輝中不利於觀測，見圖 2.25）而並不為眾人所知，不過它也進入了 50 年來第七亮的彗星行列。

圖 2.25　多張照片疊加顯示出尼特彗星那長長的彗尾

池谷 - 關彗星（C/1965 S1）

這就是我們剛才提到的那個「飛蛾撲火」自我犧牲的彗星。池谷薰和關勉在 1965 年 9 月 18 日分別獨立發現 C/1965 S1 的時候，他們並沒有意識到這會是一顆大彗星。早期的觀測對它了解很少，但是隨著觀測資料的增加，人們意識到池谷 - 關彗星實際上就是 1882 年出現過的大彗星。1965 年 10 月 20 日，池谷 - 關彗星亮度達到了 -10 等，成為一顆白天可見的目標，隔一天後它最靠近太陽達到了 0.008 AU 的距離，然後就分解成了三個部分（這是在從太陽的「大熔爐」裡出來之後，見圖 2.26）。直到 10 月底，它長長的彗尾還有 30°之長。十分壯觀！

圖 2.26　「浴火重生」的池谷 - 關彗星

海爾 - 博普彗星（C/1995 O1）

艾倫 · 海爾（Alan Hale）和湯瑪斯 · 博普（Thomas Bopp）在

1995 年 7 月 23 日分別獨立發現了這顆彗星，發現時彗星距離之遠創下了歷史紀錄——當時 C/1995 O1 還在距離太陽 7.1AU 的地方。海爾 - 博普彗星在 1996 年 5 月 20 日開始成為肉眼可見目標，在天空中一直持續了 18 個月（圖 2.27），這也創下了歷史紀錄。它最亮的時候達到了 -0.8 等。

圖 2.27　彷彿就要撞到山頂的海爾 - 博普彗星

尼特彗星（C/2001 Q4）

2001 年 8 月 24 日由 NASA 的近地小行星追蹤計畫（NEAT）發現，一開始就對天文學家們造成了不小的麻煩，因為它的軌道幾乎垂直於黃道面，而且還逆行。在發現的頭兩週時間，它的近日點時間的預計誤差達到了一年，最後還是確認其於 2004 年 5 月 15 日過近日點，最大亮度 2.8 等，是一個北半球的愛好者比較理想的觀測目標（圖 2.28）。

圖 2.28　尼特彗星

哈雷彗星（1P）

哈雷彗星就不用說了，它是歷史上第一顆被確定公轉週期的彗星。它在 1986 年 2 月 9 日最接近太陽，只可惜此時它正位於太陽的另一面，地球上無緣觀測，只能靠太空望遠鏡看到它（圖 2.29）。即使這樣它的亮度在 3 月初還是達到了 2.4 等。

圖 2.29　太空望遠鏡拍到的哈雷彗星 1986 年的回歸

林尼爾彗星（C/2000 WM1）

林肯近地小行星研究計畫（Lincoln Near-Earth Asteroid Research, LINEAR），也被譯為「林尼爾」，是於 1998 年由美國麻省理工大學的林肯實驗室主辦，美國空軍和美國國家航空暨太空總署贊助的計畫。該計畫小組在 2000 年發現的最後一顆非週期彗星（當年該計畫發現了 8 顆），就是林尼爾彗星。這顆彗星在整個 2001 年都在緩慢增亮，直到當年 11 月底它才開始快速變亮，並在 2002 年 1 月 22 日過近日點，距離太陽最近時有 0.55 AU。林尼爾彗星最亮時達到了 2.5 等（圖 2.30）。

圖 2.30　林尼爾彗星

池谷 - 張彗星（C/2002 C1）

這是中國天文愛好者發現的首顆彗星（圖 2.31），中國的張大慶和日本的池谷薰在 2002 年 2 月分別獨立發現。一開始它被認為是一顆非週期彗星，隨著觀測的深入，它越來越像波蘭天文學家約翰·赫維留斯（Johannes Hevelius）留在 1661 年觀測過的長週期彗星，因此它也就成為已知的擁有正式編號的最長週期的週期彗星——153P。它在 2002 年 5 月 18 日到達近日點，亮度為 2.9 等。

圖 2.31　中國天文愛好者發現的池谷 - 張彗星

麥克霍爾茲彗星（C/2004 Q2）

這是目視彗星獵手麥克霍爾茲（Machholz）近十年來發現的最後一顆彗星，儘管其近日點距離太陽還有 1.205 AU，但是它仍然在 2004 年年末達到了 3.5 等的亮度，看起來像一個絨毛球（圖 2.32）。

圖 2.32 麥克霍爾茲彗星

布萊菲爾德彗星（C/2004 F4）

這是威廉·布萊菲爾德（William Bradfield）發現的第 18 顆彗星，也是他發現過的彗星中最亮的一顆（圖 2.33）。它在 2004 年 4 月 17 日在離太陽 0.169 AU 的地方過近日點，最大亮度為 3.3 等。

柯侯德彗星（C/1973 E1）

柯侯德彗星於 1973 年 3 月 7 日被發現，一開始科學家們預測它的亮度可以達到金星的程度，但是最終的實際觀測其過近日點的時候，亮度最亮為 0 等，雖然遠遠不及預測的亮度，但是也可以列入 50 年來最亮的彗星行列了（圖 2.34）。

圖 2.33　布萊菲爾德彗星

圖 2.34　足夠「漂亮的」柯侯德彗星

洛弗喬伊彗星（C/2011 W3）

2011 年 11 月 27 日天文愛好者洛弗喬伊（Lovejoy）發現了

這顆彗星，這在當時引起一陣轟動，因為其最靠近太陽時的距離只有 0.0056 AU，已經進入到了熾熱的日冕當中，很多人都認為它走不出這場浩劫了。但是彗星的魅力就是充滿了奇蹟，在 2011 年 12 月 15 日過近日點後，它又重新出現在了人們眼前，並且以其明亮的彗核和細長的彗尾出現在了天空中（圖 2.35），它重新出現在天空中最亮達到了 -2.9 等。顯得更加壯觀了！

圖 2.35　同樣是「浴火重生」的洛弗喬伊彗星

百武彗星（C/1996 B2）

日本天文愛好者百武在 1996 年 1 月 30 日使用雙筒望遠鏡發

現了這顆彗星（圖 2.36），而其實在五週前他在同一個天區也發現了一顆彗星，但是沒有前者明亮。它在 1996 年 2 月 26 日達到肉眼可見程度，然後在 3 月底增量到了 0 等，此時百武彗星展現出了壯觀的彗尾，彗尾長達 90°。

圖 2.36　百武彗星

霍姆斯彗星（17P）

這是一顆 1892 年發現的週期彗星，在 2007 年回歸的時候發生了爆發，因此讓人津津樂道。在 2007 年 10 月 23 ～ 24 日不到 42h 的時間內，這顆彗星迅速地從 17 等增亮到了 2.8 等，並在月末達到最亮 2.4 等。在那個時候，霍姆斯彗星的彗髮瀰散有 1° 之大（圖 2.37）。

圖 2.37 霍姆斯彗星擁有十分「碩大」的彗髮

泛星彗星（C/2011 L4）

這是夏威夷的泛星巡天計畫（Panoramic Survey Telescope and Rapid Response System, Pan-STARRS）發現的彗星，所以稱它為「泛星彗星」。在 2013 年 3 月 10 日達到了 -1 等的亮度，在當時也引起了許多天文愛好者的追逐，直到現在還有許多人意猶未盡（圖 2.38）。

艾拉斯 - 荒貴 - 阿爾科克彗星（C/1983 H1）

儘管從大小上或者是其活動性上來講它都不是一顆大彗星，但是它仍然是值得記住的一顆彗星。在 1983 年 5 月，它在距離地球 460 萬公里處和地球擦肩而過，是 20 世紀最靠近地球的彗星之一（圖 2.39），它最大的亮度達到了 1.7 等，並且在一天之間就在天空中走過了 30°的距離。

圖 2.38　泛星彗星

圖 2.39　20 世紀和地球「最親密」的艾拉斯 - 荒貴 - 阿爾科克彗星

林尼爾彗星（C/2002 T7）

林尼爾彗星是近地小行星追蹤計畫發現的彗星之一，在 2004 年 5 月底達到了 2.7 等，但是其亮度並不穩定，這才是它最吸引天文愛好者的地方（圖 2.40）。

圖 2.40　由於「變化多端」而容易讓愛好者感興趣的林尼爾彗星

威斯特彗星（C/1975 V1）

它最早出現在歐洲南方天文臺口徑 1m 的施密特相機拍攝到的底片上（圖 2.41）。一開始天文學家們並不看好它，甚至直到它於 1976 年 2 月 25 日過近日點的時候都還是這樣認為的。然而，它實實在在給了大家一個驚喜，它最大亮度在 3 月初達到了 -3 等。

圖 2.41　威斯特彗星

阿塞斯 - 布魯英頓彗星（C/1989 W1）

1989 年 11 月 16 日，克努特·阿塞斯（K. Aarseth）和霍華德·布魯英頓（H. Brewington）分別獨立發現了這顆彗星，其在 12 月底達到了 2.8 等（圖 2.42）。

圖 2.42　隱約可見彗尾（箭頭所指）的阿塞斯 - 布魯英頓彗星

2.2.3　歷史上十顆偉大的彗星

前面我們講了近幾年觀察過的彗星，接下來我們還要再為大家介紹 10 顆彗星——10 顆偉大的彗星。一方面我們要扣住本章的題目「偉大的彗星」；另一方面，的確是預計近幾十年裡不會有很精彩的彗星出現，那我們就回顧歷史吧。

哈雷彗星

第一個，當然還是哈雷彗星。它是第一顆被計算出軌道的彗星；第一個被預言出現，又被人類「迎接」到的大彗星；也是人一生中唯一可能以裸眼看見兩次的彗星。它的近兩次回歸都是在 20 世紀，人類的科技事業已經有了一定的規模和成就之時。尤其是 1986 年的回歸，多架探測器「抵近」觀察了它多彩的姿態。圖 2.43（a）、（b）就是阿麗亞娜歐洲太空總署 1v14 運載火箭發射的哈雷彗星喬托空間探測器，探測哈雷彗星的運行軌道圖，它在 1986 年與哈雷彗星擦肩而過並拍下了其核心的照片（圖 2.43（c））。

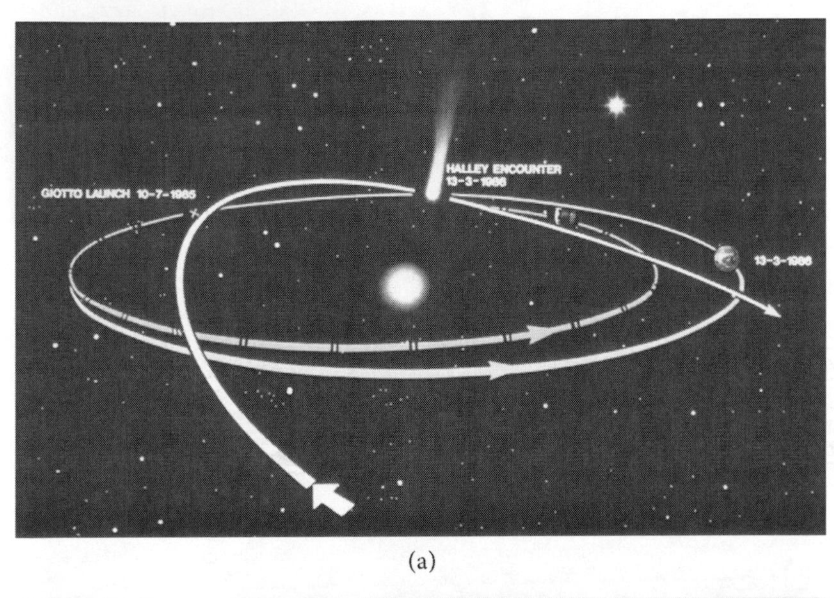

(a)

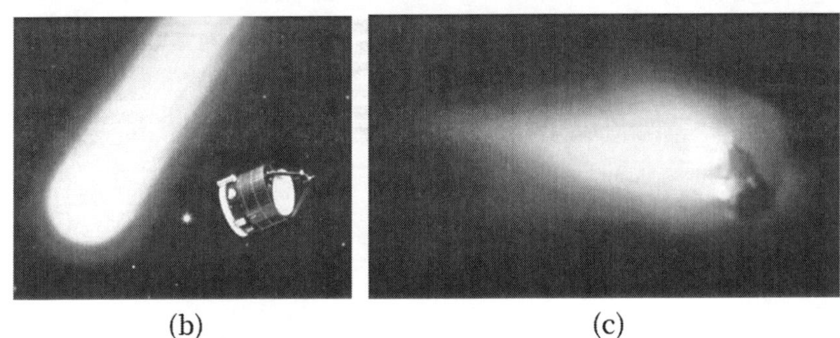

(b)　(c)

圖 2.43　哈雷彗星喬托空間探測器 (a)、(b) 和哈雷彗星核心 (c)

為什麼叫「喬托」空間探測器呢？這來源於一幅著名的作品（圖 2.44）〈三博士來朝〉（Adoration of the Magi），畫作者是佛羅倫斯畫派的創始人，也是文藝復興的先驅者之一——喬托（Giotto）。看到畫作頂端的那顆大彗星了嗎？那就是 1301 年回歸的哈雷彗星，喬托稱之為「伯利恆」之星（伯利恆是耶穌的出

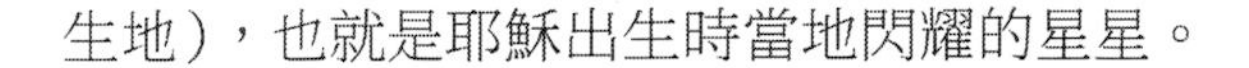

生地），也就是耶穌出生時當地閃耀的星星。

圖 2.44　喬托筆下的「伯利恆」之星

從 1910 年 4 月 26 日哈雷彗星露出尾巴，一直到經過太陽之後在 6 月 11 日哈雷彗星的尾巴消失，天文學家費迪南德・埃勒曼（Ferdinand Ellerman）在夏威夷為我們拍攝了一組漂亮而又珍貴的照片（圖 2.45）。

海爾 - 博普彗星

海爾 - 博普彗星是號稱「世紀彗星」的彗星（圖 2.46）。1985 年 7 月 22 日由美國天文學家海爾和天文愛好者博普分別獨立發現，回歸週期約 2,000 年。剛發現時它的亮度僅 10.5 等，但據天文學家預測它於 1997 年 3 月 31 日過近日點前後，可能成為 20

世紀最亮最壯觀的彗星，堪稱「世紀彗星」。

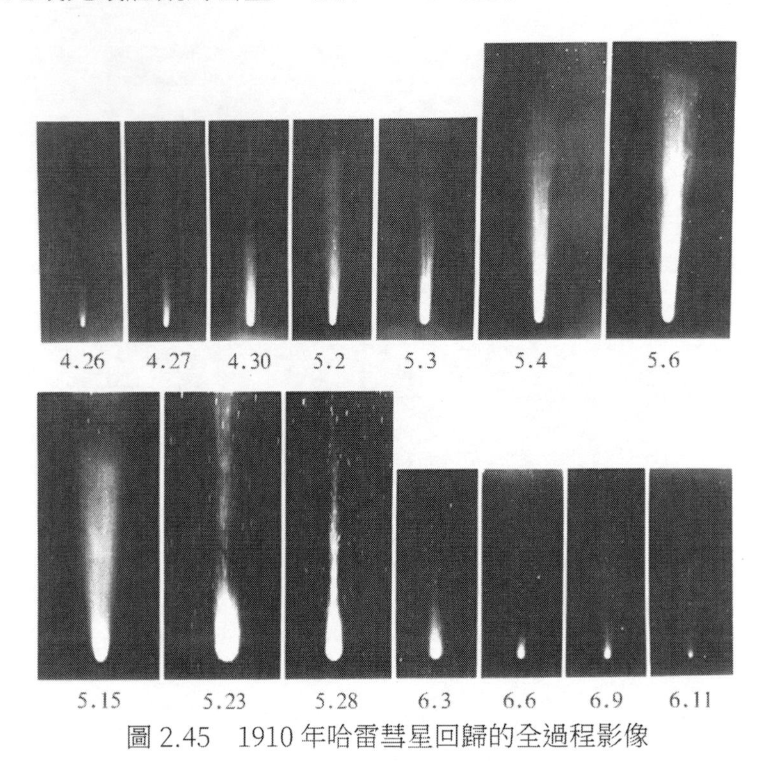

圖 2.45　1910 年哈雷彗星回歸的全過程影像

後來人們實際看到的海爾 - 博普彗星最亮時達到了 -0.8 等，它的突出特點是藍色的離子彗尾與黃色的塵埃彗尾都非常明顯，兩者組成了一個 30°的交角。雖然它不如 1910 年的哈雷彗星和 1965 年的池谷 - 關彗星那樣壯觀，但是自 1976 年威斯特彗星之後，人們已 20 年未見大彗星，又趕上了新世紀即將來臨之際，因此許多人仍願意稱它為「世紀彗星」。

圖 2.46 海爾 - 博普彗星號稱「世紀彗星」

池谷 - 關彗星

它就是我們前面介紹過的那顆經過太陽這個「大熔爐」錘鍊過又重生的大彗星。不僅如此，它還是近 70 年以來人類看到過的最亮的大彗星。1965 年 10 月 2 日中午過近日點時，一如預期所料，該彗星在空中異常光亮（圖 2.47），其視星等達 -11 等，比滿月的光度還要亮 60 倍，在白天也能看見它，因此它是近千年來最光亮壯觀的彗星之一。

圖 2.47　池谷 - 關彗星

柯侯德彗星

1973 年 3 月 7 日晚，德國漢堡天文臺的天文學家盧波什 · 柯侯德（Luboš Kohoutek）用照相方法在長蛇座發現了一顆彗星，當時的亮度為 16 等，離地球 4.2 AU，按慣例命名為柯侯德彗星。它的軌道接近拋物線，週期為 7.5 萬年，預計在這一年 12 月 29 日過近日點。按經驗公式計算，過近日點時的亮度應該是它剛被發現時的 2,500 萬倍，達到 -3 等，將與全天最亮的金星爭輝。還有人算出是 -10 等，預報它在 1974 年 1 月 15 日彗星離地球最近時，彗尾將在天空中伸展 18°，成為天空中一道壯觀的風景線（圖 2.48）。

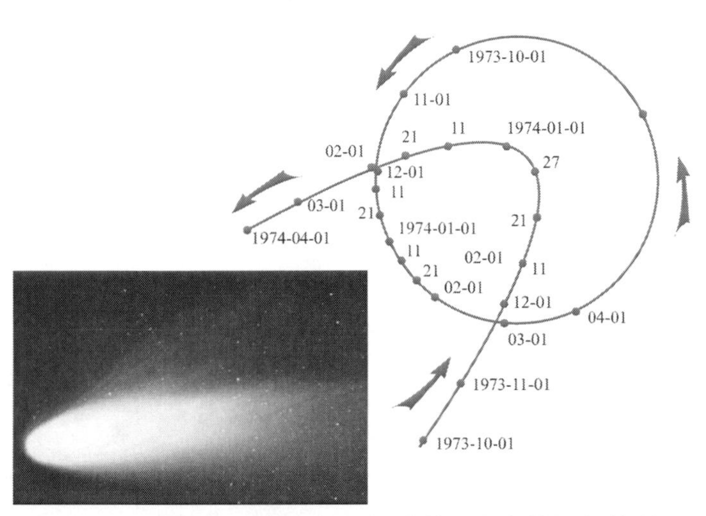

圖 2.48　「令人失望」的柯侯德彗星和它的運行軌道

天文學家和大眾開始翹首以待柯侯德彗星登場。1973 年 12 月中旬，天文學家連續幾天觀測都沒有尋覓到這顆彗星。直到 1974 年 1 月 13 日天黑後，在西方天空中才依稀見到模糊的彗頭和朦朧的彗尾。柯侯德本人也隨著 1,600 多名興致勃勃的觀眾冒著冬日的嚴寒，在聖誕節前夜，乘伊麗莎白號遊船專程到海上觀看彗星，結果也撲了空。當大失所望的觀眾憤怒地質問他時，柯侯德羞得滿臉通紅，恨不得找個地洞鑽進去。

觀測顯示，柯侯德彗星的亮度比預計的暗了 6 萬倍。柯侯德彗星為什麼不亮呢？對此天文學家眾說紛紜。有的人認為當時是太陽活動極小期，太陽風低弱，不足以使彗星亮起來。有的人認為這顆彗星剛發現時，外表是冰殼，反射率高，所以看起來很亮，接近太陽時，冰殼融化了，亮度迅速降低。也有的人認為柯侯德彗星根本沒有亮過，不管天文學家怎麼說，柯侯德彗星帶著它的亮度之謎走遠了。到底哪種意見才對，恐怕要留給後世天文學家驗證了。

麥克諾特彗星

麥克諾特彗星（圖 2.49）是一顆由澳洲的天文學家勞勃·麥克諾特在 2006 年 8 月 7 日發現的彗星。

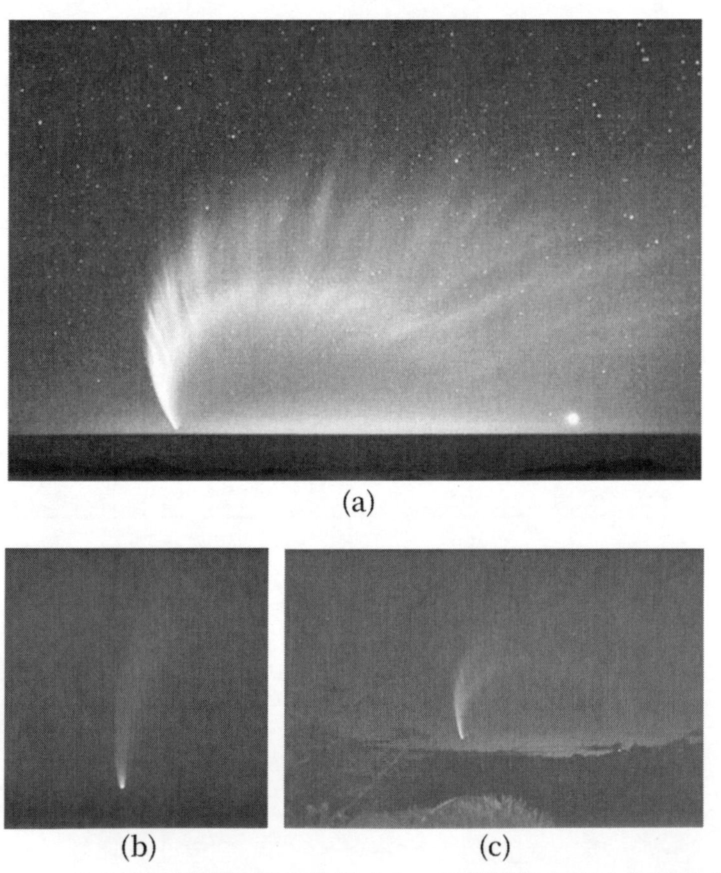

(a)

(b)　(c)

圖 2.49　麥克諾特彗星壯觀的尾巴（a），紐西蘭的白天（c）和南非的草原上（b）

它在 2007 年 1 月上旬，過近日點前亮度大增，彗尾掃過 60°的天空（圖 2.49 (a)），是 30 年來最亮的彗星（只計最亮光度）；也是 70 年來第二亮的，僅次於 1965 年達 -17 等的池谷 - 關彗星；比 1947 年的南天大彗星 C/1947 X1、1976 年的威斯特彗星 C/1975 V1、1996 年的百武彗星以及 1997 年的海爾 - 博普彗星都還要亮。一月底前在南、北半球較高緯度地區，白天肉眼可見（圖 2.49（c））。

威斯特彗星

威斯特彗星是 20 世紀出現的一顆漂亮大彗星。開始認為它是一顆非週期彗星，經現在的計算顯示威斯特彗星的週期約為 558,000 年，被認為是 20 世紀最漂亮的彗星之一（圖 2.50）。歐洲南方天文臺的丹麥天文學家李察 · M · 威斯特（Richard M. West）於 1975 年 11 月 5 日，在經過曝光後的底片上發現，後來又於 1975 年 8 月所攝得的底片上發現了它的蹤跡。

威斯特彗星於 1976 年 2 月 25 日通過近日點，最大亮度達到了 -3 等，甚至在白天也能以肉眼觀測到，彗尾呈現扇形，其中帶著淡紅色的塵埃尾長度達到 30°～ 35°。經過觀測發現，1975 年 3 月 5 日時威斯特彗星的彗核分裂成 2 塊，經過幾天後，於 1975 年 3 月 10 ～ 11 日彗核又進一步分裂為 4 塊。1976 年 4 月中旬後，人們無法再以肉眼觀測到威斯特彗星。

圖 2.50　威斯特彗星的風采

百武彗星

百武彗星是首次探測到有 X 射線發射的彗星（圖 2.51）。這顆彗星是日本天文愛好者百武裕司在 1996 年 1 月 30 日發現的，5 月 1 日過近日點。剛發現時它位於火星軌道附近，亮度很低，到了 3 月分，它的亮度急遽增加，一直增到 3 等左右，肉眼清晰可見。它的一條長長的藍色離子彗尾，橫跨夜空六七十度，蔚為壯觀。更引人注目的是，3 月 26—28 日，美國和德國的天文學家透過「羅賽特」（ROSAT）X 射線天文衛星觀測百武彗星，發現它有 X 射線發出。

圖 2.51 神奇的百武彗星

這是人類第一次探測到發射 X 射線的彗星，而且它的強度也是天文學家始料未及的。百武彗星的 X 射線是怎樣形成的？是來自彗星內部，還是來自太陽風與彗星物質的猛烈撞擊？這一新的發現又為天文學家們增添了新的研究和探索方向。

洛弗喬伊彗星

2011 年 11 月 27 日洛弗喬伊彗星首次被發現，以澳洲業餘天文學家洛弗喬伊的名字命名，這顆彗星是「克魯茲族彗星」（Kreutz Sungrazers），這種彗星的軌道非常接近太陽，而且它的軌道近乎於垂直黃道面（圖 2.52）。

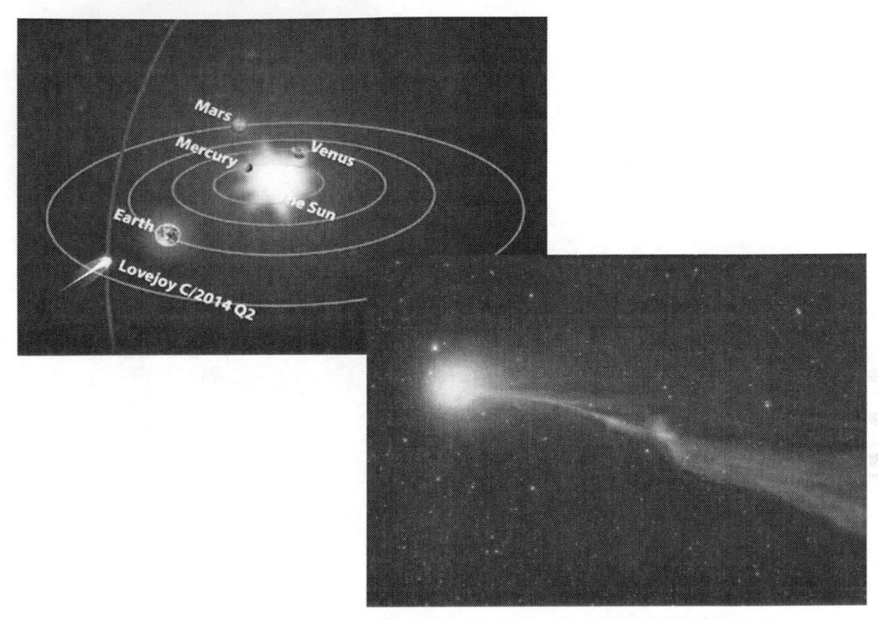

圖 2.52　軌道和噴出物質都十分特別的洛弗喬伊彗星

研究人員還驚奇地發現洛弗喬伊彗星釋放了大量酒精和醣類物質，根據國際小組的觀測結果，這一現象得到了證實。這一發現暗示彗星可能是有機分子的來源地，為生物的誕生提供了必要的物質基礎。法國巴黎天文臺的科學家尼古拉斯·比弗（Nicolas Biver）認為，在洛弗喬伊彗星上發現了酒精噴射現象，同時還有 21 種不同的有機分子。本項研究論文發表在 10 月 23 日的《科學》（Science）期刊上。具體說來，有機分子包括乙醇和乙醇醛，是一種簡單的醣分子。

恩克彗星

恩克彗星（2P/Encke）在所有彗星中週期最短，亮度微弱、凝聚度較小，一般不產生彗尾，並且出現次數最多。最早發現它是在 1786 年 1 月 17 日，直到 1818 年 11 月 26 日又發現後才由法國天文學家恩克（Encke）用 6 個星期的時間，計算出這顆彗星的軌道，週期為 3.3 年，並且預言 1822 年 5 月 24 日再回到近日點，果然它準時回來了，承繼哈雷彗星之後，第二顆按預言回歸的彗星，人們稱之為「恩克彗星」。

由於它是地球的「常客」，所以被觀測的次數和時間就很多。而一般不產生彗尾的恩克彗星在一次拍照中，竟然出現了三條彗尾（圖 2.53）！其中一條指向太陽。一顆彗星怎麼會有三條彗尾？

圖 2.53　有三條彗尾的恩克彗星

通常情況下，一顆彗星有兩條彗尾，分別是彗星釋放的帶電粒子受到太陽風吹襲而形成的離子彗尾，以及在某種程度上也受到太陽風吹襲，並散落在彗星後方軌道上的小碎片所形成的塵埃彗尾。彗星通常只能看到一條彗尾，因為我們從地球上很難看到帶電的離子彗尾。在圖 2.53 這幅不同尋常的精彩影像中，恩克彗星看似有三條彗尾，因為在拍攝該影像前不久，其離子彗尾剛剛分裂。複雜的太陽風偶爾很狂暴，有時會在離子尾上形成異常結構，比如分叉等。偶爾還會造成離子彗尾的斷裂。所以，在兩天之後拍攝的恩克彗星影像中，它看起來就不那麼複雜了。它恢復成一條彗尾了，也就是說太陽風變弱了。

舒梅克 - 李維九號彗星

舒梅克 - 李維九號彗星可以說是「轟動世界」的大明星。1994 年 7 月，它變魔術般地「一分為二十一」，這樣，21 個彗核以 60km/s 的速度，先後撞擊至木星背著地球一面的南緯約 44° 的地方（圖 2.54）。釋放出大約 5 億顆廣島原子彈的巨大能量，在一場宇宙級的猛烈爆炸中轟轟烈烈地化為灰燼。全世界的天文愛好者透過哈伯太空望遠鏡觀看了直播。

舒梅克 - 李維九號彗星，是 1993 年 3 月 24 日由美國天文學家舒梅克夫婦（Eugene and Carolyn Shoemaker）和加拿大業餘天文學家李維（Levy）在帕洛馬山天文臺一起發現的。發現時的亮度為 14 等，已經分裂成很多塊，形成了一串「珍珠項鏈」。人們以極大的熱情關注了這一千載難逢的宇宙交通事故。全世界上百個天文臺以及哈伯太空望遠鏡和伽利略號太空探測器等，都將這驚心動魄的壯觀場面記錄了下來。撞擊木星的事件使人們留下了無盡的思考。同時也促使天文學家對彗星的觀測和研究加倍重視。

圖 2.54　壯烈的撞擊場面，右下是哈伯拍到的影像

2.3 「危險的」天外來客

5 億顆原子彈的當量，這是什麼概念？一顆原子彈，廣島就已經被夷為平地了！所以，像彗星、小行星這些天外來客對我們地球來說，真的是相當危險的！不過，您發現沒有，我們這節的標題中，「危險的」一詞是加了引號的，就是讓您放心，目前的我們（人類）是有辦法應付這類情況的！當然，不能只是這樣說說來「唬弄」你，我們會把這件事的來龍去脈為你分析清楚的。

2.3.1　有多少「天外來客」想親近我們

第一步先要搞清形勢，有多少「天外來客」想親近我們？它們主要來自哪裡？有沒有時間或空間上的規律性？它們的構成都是怎樣的？萬一無法防範，會對地球造成怎樣的破壞？

為了加深你的印象，讓你一開始就對這個問題重視起來，我們先來看看彗星或小行星的襲擊，對地球會造成什麼樣的影響吧。

如果撞擊發生，人類毀滅就是大機率事件

當地球受到彗星或小行星襲擊時將會出現什麼樣的情景呢？讓我們先來看看以往的事實，我們前面介紹了 1908 年 6 月 30 日早晨，發生在蘇聯西伯利亞葉尼塞河上游通古斯地區的那次大爆炸，即所謂通古斯事件。最大的可能這就是一次由一顆彗星（小行星）撞擊地球而引起的爆炸，而這顆彗星又可能是已瓦解的恩克彗星的一部分。計算顯示，如果彗星碎片總質量為 350 萬噸，平均密度為 $0.003g/cm^3$，以 40km/s 的速度和 30°的入射角進入地球大氣層，那就可以引起通古斯事件那樣規模的爆炸。

但太陽穿過或接近我們前面提到的銀河系中的分子雲時，又可能出現什麼樣的結果呢？如果前述理論成立，那麼每經過一億年左右，即有大量彗星母體進入太陽系的範圍，其中最大的彗核直徑超過 10 公里，撞擊速度可達 30km/s。要是有這麼一顆彗星到達地球，其後果是不堪設想的。首先，彗星進入地球大氣層內就會引起巨大的撞擊衝擊波（因為地球大氣層密度

最大的對流層的厚度就是 10 公里，所以，10 公里直徑的小天體會不經大氣摩擦消耗能量，而直接與地球發生對撞，產生最大的動量轉換），可以一下子殺死所撞擊的那半個地球上的全部生物。接著，空氣溫度會上升到 500℃左右。因落地撞擊引起的陣風，會使得在離撞擊點 2,000 公里處的風速仍可達 2,500km/h（12 級颱風的風速也就是 130km/h，360km/h 風速就是 17 級颱風，這已經超過了人類歷史上最高的風速紀錄了。參見圖 2.55）。結果，整個地球上空將會覆蓋一層厚厚的塵埃布幕，太陽光線無法穿過它到達地面。這層塵埃雲將會延續好幾個月。另一方面，這顆巨大火流星中的一氧化氮會破壞大氣中的臭氧層，因而在塵埃雲最終沉息下來之後，地球表面就會直接受到太陽的紫外光照射，其強度是致命的。此外，撞擊時會引起全球性大地震，由此導致的陸地起伏普遍可達 10 公尺。

圖 2.55　颱風襲來和颱風過後的場景

地球表面大部分地區是海洋，所以彗星擊中海洋的可能性也許更大一些，其後果同樣是極其嚴重的。首先，濺落中心區部分可能產生高度達幾公里的巨浪，即使在離中心區 1,000 公里處，大浪的高度還可以到達 500 公尺（據推算，6,500 萬年前造成恐龍滅絕的那顆小行星，掀起了高達 3 公里的巨浪）。狂濤巨浪最終將進入大陸棚並沖上陸地。這時，地核中的內部流動情況會受到強烈的干擾，並影響到地球磁場，而這種磁場擾動，就很可能造成各類生命的大量死亡甚至滅絕。另一方面，原來支配大陸漂移的是一種緩慢的、帶黏滯性的推進式運動。在彗星的猛烈撞擊下，這種運動便會受到極大的干擾，結果引起板塊的劇烈（異常）運動。地殼上會出現 10 ～ 100 公里寬的大裂縫，造山運動十分劇烈，同時引起普遍性的火山爆發，地球最後變得面目全非。一旦重新平息下來之時，其生物學和地球物理學環境已與撞擊發生之前大不相同了……

這些小天體都來自哪裡

這些小天體、小行星主要來自「火木小行星」帶和「古柏小行星」帶（圖 2.56）；而那些彗星及其殘骸，則主要來源於太陽系最外圍的「歐特星雲帶」。

「古柏小行星」帶離我們很遠，以往並沒有被我們所重視。即使近年來為人所知也不是因為天體撞擊，而是因為原來的「第九大行星」——冥王星實際上就屬於「古柏小行星」帶的天體。所以，很明顯它們和地球不大可能發生關係（離得太遠）。

「火木小行星」帶，從名稱你就知道它存在於火星和木星之間。帶中的小行星被認為接近百萬顆，本身形狀不規則，分布比較均勻。按成分基本分為三類：碳質、矽酸鹽和金屬。

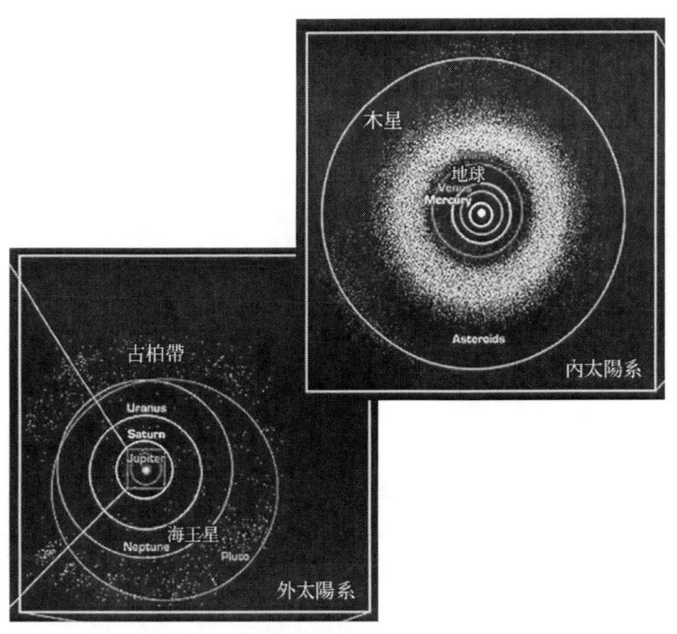

圖 2.56　太陽系的兩個小行星帶

這個小行星帶的最早發現應該和一個德國的業餘天文愛好者有關，他就是德國人提丟斯（Titius），他完全依據數學規律，推斷出太陽系各大行星距離太陽應該符合一個公式，現在都被稱為提丟斯定律。在這個定律中，從離太陽最近的水星到最遠的海王星，都基本上符合，唯獨在火星和木星之間，人們找不到那顆應該在那裡的大行星。而且，從義大利天文學家皮亞齊（Piazzi）在 1801 年發現第一顆小行星，並命名為「穀神星」開始，到後來的「智神星」、「灶神星」小行星被不斷地發現……1868 年發現了 100 顆，到 1923 年發現了 1,000 顆，到 1951 年發現了 10,000 顆，到 1982 年達到 100,000 顆，目前發現的小行星數目至少超過 50 萬顆，而被命名的小行星超過 12 萬顆。

你也可能會問，不是應該有一顆大行星在那裡嗎？怎麼換成了這麼多小行星！這在天文學界也是一個未解之謎。目前有兩種說法：一是說，原來是有一顆和地球差不多大小的大行星，後來被木星引力或者是其他的未知力量拉散了，形成了這麼多小行星；第二種說法也和巨大的木星有關，我們知道大行星形成的「星子」假說，在大行星形成初期，火木之間存在的那些星子，由於其成分的關係，更是由於受到強大的木星引力的干擾，而無法「團聚」形成大行星，就留下了這麼多的小行星（星子，見圖 2.57）。

圖 2.57　火木小行星帶中的眾多小行星（星子）

這些小行星的分布基本均勻，但是受太陽和木星引力的影響，它們的繞日公轉軌道呈一定的比例分布（基本是木星引力共振係數的倍數）。所以，它們之間的碰撞是經常發生的，半徑超過 10 公里的小行星平均一千萬年就碰撞一次，別認為間隔很久，一千萬年以天文學的時間尺度來說，算是碰撞很頻繁了。

小天體撞擊地球有什麼規律可循嗎

從銀河系的時間尺度來看，許多太陽系中的天文現象和地球上的地球物理現象，應該是間歇性的。不僅如此，地球上生命的大規模消亡，應該也是與劇烈的造山運動和大規模火山爆發同時發生的，而且最明顯的地球物理現象就是地磁擾動或者是發生地球磁場受干擾。實際上不少史實也正說明了這一點。比如：恐龍的滅亡在時間上與地質史上最大規模火山爆發開始時期一致，而且在這之前約 500 萬年，出現了延續時間長達 2,000 萬年的地磁擾亂。在二疊紀至三疊紀間的生物大規模滅絕期內，有 96% 的海洋生物突然死亡，它同樣也發生在一場地磁場擾亂期內。這些是無法用偶爾一次彗星對地球的撞擊所能解釋的，而正好與上面有關彗星對地球大規模轟擊的概念一致。

而這種大規模轟擊的頻率，大約就是 6,500 萬年的週期。美國加州大學的研究人員在義大利約 6,500 萬年前的沉積層中，發現了稀有元素銥的含量高得出奇，後來又在地球上其他幾十個地方發現了同樣的現象。要知道，銥在地球上含量極少，可是在小行星中含量卻很高，因而一種合理的解釋是在那個時期發生過一次阿波羅型小行星（近地小行星）轟擊地球的大災變，而恐龍的突然、迅速的消亡也正好發生在那段時間。

從另一個方面把時間拉近一點來看，目前在阿波羅型小行星軌道上的行星際塵埃、火流星活動以及流星群都是十分豐富的。這些說明了在過去的幾千年內地球的上空是極其活躍的。大約在四五千年前有一顆大彗星在穿過地球軌道時瓦解了，而我們今天所觀測到的隕石之類的天體，只不過是過去年代那些更大彗星碎片的遺蹟而已。

2.3.2　歷史的「教訓」

小天體的撞擊事件也是有規律可循的。而且，天崩地裂的直接撞擊是不可能發生的，因為達到能與地球本體產生直接撞擊的天體，本體的尺度要足夠大，而達到這樣尺度的天體在達到地球軌道範圍之前，就已經被木星、土星那些「大傢伙」吸引過去了。

歷史上直徑超過 10 公里的小天體撞擊次數極少，據估計應該在 5 次以內，而且都是發生在人類產生之前。不過它們造成的災難可以說是毀滅性的，主要的是破壞地球的生態系統（大氣環境）從而造成生物體的大規模滅絕。比如，6,500 萬年前的那一次，就徹底地滅絕了不可一世的「恐龍王朝」。不過，這還不是最嚴重的一次，據考證，發生在兩億五千萬年前的一次撞擊，差不多造成了地球上超過 90% 的生物滅絕。

所以，小天體撞擊地球可能產生的災害主要有碰撞引起的爆炸，還有爆炸引起的火災、地震和海嘯。另外還有由碰撞引起塵埃擴散所帶來的氣候寒冷化，以及因氮氣燃燒而產生的酸雨等災害。讓我們一起看看歷史上著名的小天體撞擊事件，都對地球產生了什麼影響吧。

第一次大撞擊：「火星」撞地球

針對這一事件我們先聲明兩點：第一，這一次「撞擊」是否存在，目前還有極大的爭議；第二，不是真的火星和地球相撞了，而是體積類似火星大小的，被稱為忒伊亞（Theia）的小天體撞擊了地球。

這一次大撞擊被認為發生在 45 億年前。那時地球還初生不久，處於混沌狀態。地球的分層還沒有完成，儘管地核已經形成，但固體的地殼卻還未出現，地球表面還是岩漿的海洋。這時，忒伊亞小天體撞向了地球。相比以後撞擊地球的天體，忒伊亞的體積絕對是「足夠」大了，可比擬現在的火星，也就是說直徑達到了地球的一半，算是名副其實的「火星」撞地球吧！

據說，這個碰撞可謂驚天動地（圖 2.58），忒伊亞自身完全毀滅，絕大部分被地球兼併了。但是地球也損失慘重。一大堆岩漿在劇烈的碰撞後，如同井噴一般，一飛沖天，脫離了地球，而這些岩漿日後就形成了月球（這只是月球形成的各種假說中的一種）。

圖 2.58　「火星」撞地球應該是這個樣子吧

實際上，目前談論最多的月球起源的說法有三種。情人說：月球原來也是一顆繞太陽公轉的小行星，由於離地球太近，而被俘獲。有證據表明，這個俘獲過程進行了最少 5 億年，最後完成應該是 39 億年前，也就是說月亮妹妹和地球哥哥談了一場超長的「戀愛」。母女說：這個說法是說月球是由地球分裂出去的，而且分出去留下的那個「大坑」形成了太平洋，所以，也稱之為「一石二鳥」說，即同時解答了月球和太平洋的形成。但是，這個說法證據不足（月球表面物質與太平洋洋底物質不相似）。而且，分裂的原因也不是撞擊，而主要是太陽和大行星對地球赤道隆起物質的吸引造成的。姐妹說：認為地球和月球都是太陽系早期遊蕩的「星子」，產生於同一個宇宙區域。後來他們兩個就像神話傳說中的伏羲和女媧一樣，為了「哺育」人類，從兄妹變成了夫妻。

第二次大撞擊：真正毀滅性的小行星雨

地球遭受的第二次大撞擊當數 40 億年前到 39 億年前的一輪小行星衝擊（圖 2.59）。也就是我們前面提到過的晚期重型轟炸事件（Late Heavy Bombing incident, LHB），40 億年前，小行星帶受到某些因素的影響，帶內無數的小行星向類地行星衝去，火星、地球、月球、金星和水星無一倖免。這場輪番轟炸持續了幾百萬年。這次撞擊的證據由於地球表面的滄桑巨變，我們在地球上已經找不到了。但是，我們在幾乎沒有大氣的月球上發現了這一事件的證據。

圖 2.59　想像一下當時的場景，應該算是「隕如雨下」吧

據估算，在這個過程中在地球上形成了約 2 萬個直徑大於 20 公里的隕石坑，其中大約有 40 個直徑在 1,000 公里以上，還有幾個直徑甚至達到 5,000 公里。其他類地行星和月球同樣也是傷痕累累，直徑大於 20 公里的隕石坑都有成千上萬個。在這種密集的衝擊下，地球長期處於一種固化和半融化之間的狀態，幾乎每 100 年，地表就會重新塑造一次。

這次撞擊的劇烈程度沒有第一次大，但是造成的影響巨大。首先，在撞擊時地殼已經基本形成，而這一次撞擊使得地殼又重新塑造了一次。結果是，在目前的地球表面我們找不到比 39 億年更古老的結構存在；第二，生物的進化是一個漫長的過程，目前的資料顯示最早的生物可能產生於 38 億年前，但是，並不排除在此之前也有生物產生，而他們被毀於這次撞擊。

第三次大撞擊：古生代群的終結

如果說 LHB 的襲擊可能只是摧毀了地球上的生命的話，那麼發生在兩億五千萬年前的處於二疊紀和三疊紀之交的撞擊災難，就確確實實是地球生物界的滅頂之災了。

二疊紀末的大滅絕是生物史上最嚴重的滅絕事件，對海洋生物尤甚。據統計，有 57% 的海洋生物的科完全滅絕，滅絕的海洋生物物種更高達 95%。陸地上的情況也好不了多少，48 個科的四足獸，僅僅有 12 個科存活下來。這個事件也象徵著古生代的結束和中生代的開始。

這個大滅絕事件的成因被認為是多種因素的共同作用，火山爆發、地震和地殼板塊碰撞等都是原因。而這一切的罪魁禍首，就是一顆小行星的衝擊。根據相關證據顯示，在二疊紀末期，曾經有一顆小行星一頭撞向地球的南極洲（圖 2.60）。當時所有的大陸都是連成一體的，南極洲的位置和現在的相差不遠。碰撞之後，早已醞釀多時的火山爆發、地震和地殼板塊遷移，被一下子激發出來，最終導致了這次史上最嚴重的滅絕事件。

第四次大撞擊：恐龍時代的終結

第四次大撞擊是最為人所知的一次，發生在 6,500 萬年前。當時一個直徑約 10 公里的小行星直接撞向現墨西哥的猶加敦半島（Yucatan），撞出一個直徑達到 180 公里的大坑。這個大坑是目前能確認位置的最大的隕石坑，由於撞擊引起的火山爆發、地震、海嘯，以及火山塵埃遮擋陽光造成的地表溫度下降等原因，使得恐龍逐漸滅絕（圖 2.61）。

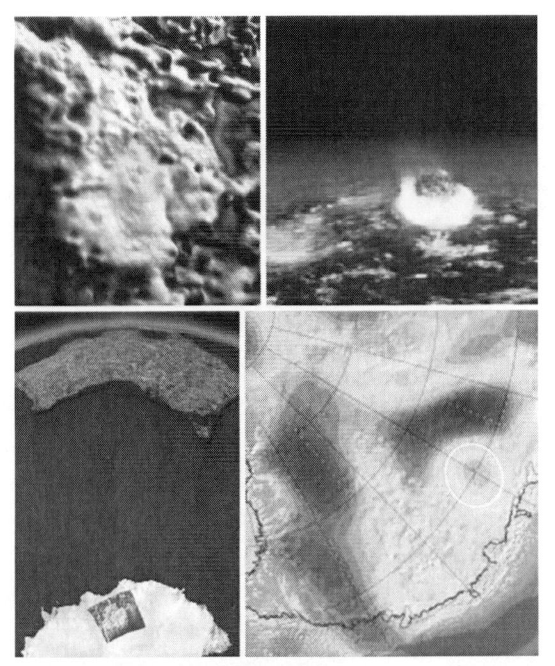

圖 2.60　兩億五千萬年前撞擊在南極洲的小行星

圖 2.61　小行星撞擊地球，使得統治地球 1.5 億年的恐龍滅絕

在撞擊點 800 公里之外的中美洲國家海地，研究人員找到了一種含有玻璃球粒（glass spherules）的黏土，時間上正和這次撞擊吻合，而這種黏土只有在 1,300℃的高溫下才能產生，可見當時衝擊的威力有多大。據科學家估計，當時衝擊的威力相當於 1 億個百萬噸的 TNT 炸藥，而一個氫彈的威力只相當於區區幾十個百萬噸 TNT 炸藥！有的科學家相信當時襲擊地球的小行星還不止一個，因為在現在義大利的古比奧（Gubbio）和印度的德干高原（Deccan）（當時印度剛剛和非洲脫離不久，還沒有連上歐亞大陸）也發現了類似同時代的隕石坑。如果那是真的，那麼它們的聯合作用就更加驚人了。

恐龍在這次災難中全軍覆沒，無一倖免；絕大部分的鳥類滅絕了；北半球的有袋類動物也滅絕了。滅絕的四足獸的科高達 50%。在海洋方面，蛇頸龍和滄龍等海生爬行動物滅絕了，和牠們一起消亡的還有大約 20% 的軟骨魚和 10% 的硬骨魚類。

這個災難中滅亡的動物雖然沒有上一次的多，但是由於對陸生動物影響巨大，所以成為中生代和新生代的分界線。然而，大部分爬行動物的滅絕也為哺乳動物留下了廣闊的天地。在新生代，哺乳動物終於一掃一億多年來被恐龍壓制的「怨氣」，從黑暗中走出來，成為統治地球的動物，也為人類的出現鋪平了道路。

2.3.3　真的來了我們怎麼辦

對於大大小小、數量眾多的「天外來客」我們有什麼辦法嗎？雖然人類很聰明，但是對於大自然的「饋贈」也是無奈的。地球「爆炸」那樣的場景是不會出現的，但是類似「隕石毛毛雨」的小麻煩還是會經常出現。

我們能夠採取的對付「天外來客」的辦法是：

(1) 加強監測，建立一套全球性的可監測、能預報（防）小天體撞擊的全球體系；
(2) 對處於「危險範圍」內的小天體進行危險評級、認證，提前做好防範準備；
(3) 採取盡可能的措施解除或降低小天體撞擊的危害。

目前來看，全球性質的小天體監測和撞擊防範系統還沒有建立。但是，已經和將要運作的系統包括：

☼ **美國的「太空衛士」計畫：**力求定位地球周邊 90% 以上，直徑不小於 1 公里的小行星的運行軌道，並確認哪些小行星可能會對地球造成威脅。目前地球周邊約有 1,000 顆符合上述條件的小行星，其中的 93% 已被定位。

☼ **俄羅斯行星保護中心：**打算以俄羅斯本土技術為基礎，建立一個名為行星保護系統快速反應梯隊的地球保護盾牌，該盾牌被命名為「城堡」。這個反應梯隊由多枚宇宙觀測太空飛行器、偵察衛星和太空攔截太空飛行器構成。在小行星真對地球構成威脅的那一天，這些太空飛行器將共同作用，或改變小行星的運行軌道，或直接摧毀小行星。

☼ **德國航空太空中心（DLR）：**科學家們提出了防禦小行星的「近地軌道防護盾」計畫。規劃了近 600 萬歐元的計畫資金，歐盟投資近 400 萬歐元，另有 180 萬歐元來自相關科學研究機構及歐盟策略夥伴。研究透過導彈炸毀、重力牽引和主動碰撞等多種方法，防範近地小行星撞擊地球。

實際上，不是所有存在於地球周圍的小天體都會和地球相撞。只有它們的運行軌道與地球軌道相交，且同時經過相交點時，碰撞才會發生。基於這一點以及其他的各種因素，國際上對一個小天體對地球產生的危險性，給出了一個「托里諾等級」(Torino class) 評價體系。

托里諾級數分別用白、綠、黃、橙、紅五種顏色來區分危險程度，共分為 0 ～ 10 級。

☼ 白色——「無關緊要的事件」，即天體與地球沒有相撞的可能性，或者天體小到對地球無法造成任何威脅。白色對應的等級為 0 級。

☼ 綠色——「需要仔細監測的事件」，表示天體會近距離經過地球，但撞擊的可能性極低。需要謹慎地追蹤確定它們的軌道，以重新計算撞擊機率。大部分情況下，最終撞擊的可能性會被排除，托里諾級數恢復到 0 級。綠色對應的等級為 1 級。

☼ 黃色——「需要關注的事件」，表示天體將會近距離接近地球，撞擊的可能性較高，高於幾十年內地球可能經歷的平均撞擊次數。精確確定這類天體的軌道將是優先任務。黃色對應的等級為 2、3、4 級。

☼ 橙色——「危險的事件」，表示與地球近距離遭遇的天體，大到足以造成局部或者全球性的毀滅，撞擊的機率超過一個世紀中地球可能經歷的平均撞擊次數。精確確定這類天體的軌道將是首要任務。橙色對應的等級為 5、6、7 級。

☼ 紅色——「確定的撞擊」，表示與地球確定撞擊的天體擁有足夠的大小，足以穿透大氣層，會造成局部的毀損，區域性的毀滅，甚至全球性的氣候災變。紅色對應的等級為 8、9、10 級。

那麼，如果小天體的等級超過 5 級，對地球和人類構成了足夠的危險，我們怎樣面對，有什麼措施嗎？目前想到的有以下的幾種：

一是用核武器去炸掉它（圖 2.62），但麻煩的是爆炸很可能把一個大「殺手」變成了許多小「殺手」，而且還會把帶有放射性的物體拋入不可預測的軌道；而對於一些鬆散結構的近地小天體，爆炸所造成的作用又很有限。所以，這種方法一直是毀譽參半。好萊塢曾經演繹了這一方法。在一部電影中，著名影星、曾任美國加州州長的史瓦辛格（Arnol Schwarzenegger）帶領一個爆破隊「完成」了這一任務。可是，專家的評價是——不炸，是一顆小行星撞擊地球；炸了，是 N 顆小行星撞擊地球。

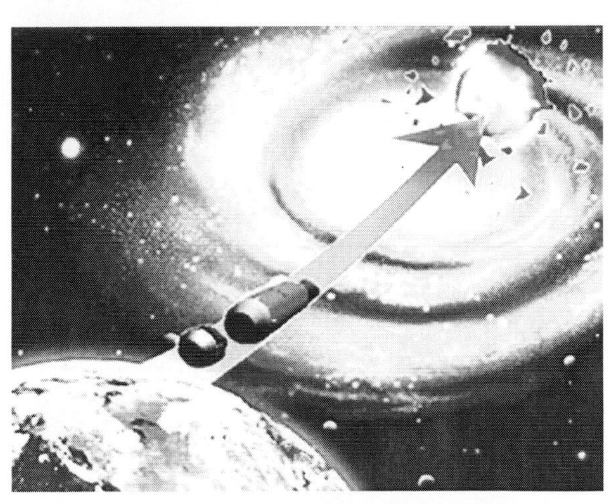

圖 2.62　用核武器摧毀小行星

二是用太空飛船撞擊它（圖 2.63（a）），改變其軌道或把它撞碎。這種方法比較有效，但如同用核武器一樣，這也可能讓災難擴大數倍。

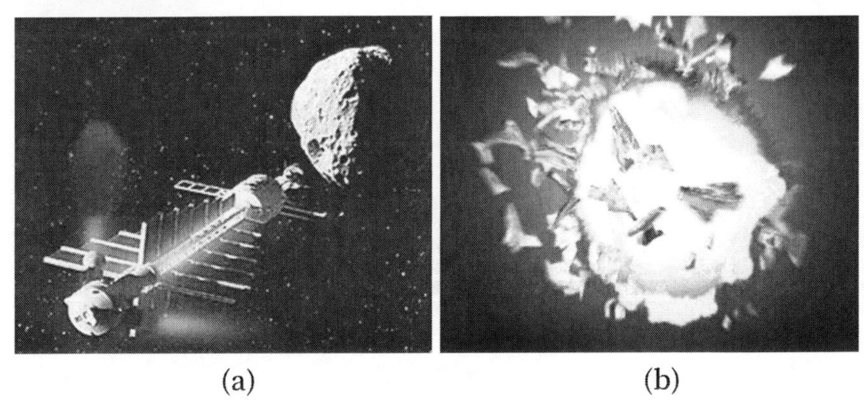

(a)　　　　　　　　　　　　(b)

圖 2.63　設法改變小行星的軌道 (a) 用強力的雷射摧毀 (b)

三是用航空器對它施加壓力（即用機械力），使它加速或減速，從而改變其飛行方向。這種方法比較理想，但不易實行。

四是用雷射使它的表面物質向外發散，從而產生反向加速度使它改變飛行方向；或者用超強雷射把它摧毀成對地球無害的小碎塊（圖 2.63（b））。這種方法也比較理想，但必須要有超大功率的雷射系統。

五是用油漆塗料來改變它的顏色，影響它吸收太陽的光和熱量，透過熱能的變化來改變其軌道。這種方法見效比較慢，另外所需的大量塗料如何運去也是個問題。

六是用火箭把一面巨大的風箏形太陽帆發送到它的上面，而張開的太陽帆利用反彈太陽光子所產生的壓力，把它逐漸推離原來的軌道。這種方法的技術要求較高，難度較大。

七是在它的表面插入一種像火箭那樣的裝置，讓這種裝置不斷地噴出物質，像噴射機那樣，透過反作用力來改變其飛行方向。這種方法好像有點浪漫色彩。

最後一個辦法被認為最具可行性，據說是一位由工科轉行到天文學的學者提出的，就是利用太空中巨大且無限的太陽能去「燒毀」或者「熔化」小行星，或者是小行星的一部分。能燒毀自然最好，即使只是「燒掉」一部分小行星物質，從而改變它的運行軌道，使得它不是同時和地球在軌道交點處出現也就好了。因為，多數小行星物質密度低、熔點也低。我們可以建造一個巨大的聚光鏡面，聚焦太陽能，去「燒烤」小行星，改變它的軌道。但是，如此巨大的聚光鏡我們怎樣把它帶到太空呢？就是分成若干部分再去太空「組裝」，那樣的技術難度也不低於「太空行走」。人類畢竟是聰明的，一面太大，我們改成多面（圖 2.64），控制好它們的軌道和聚焦點，同樣能達到效果。

總之，您儘管放心那些「天外來客」。不是有句「老話」是這樣說的嗎——天塌下來，有個子高的頂著！而且，小行星、彗星為我們帶來了生命、帶來了水，我們應該慶幸和歡迎它們才對呀！只是，時刻不能放鬆警惕，任何事情都有它好的和壞的一面存在的。

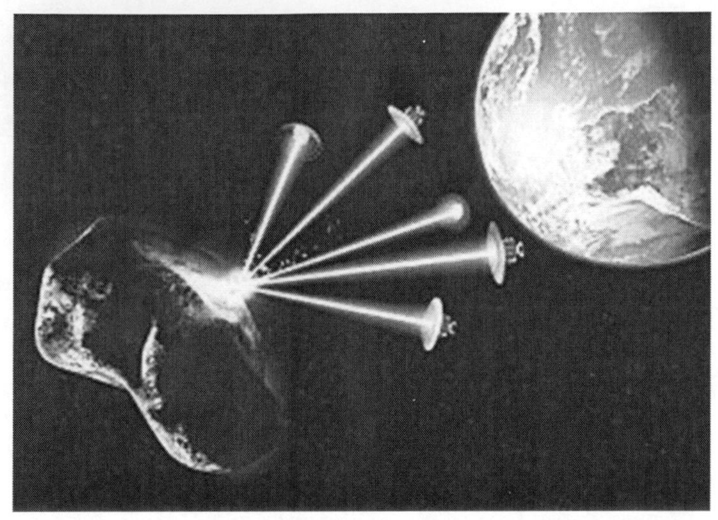

圖 2.64　多面太陽能聚光鏡面「合作」，足以抵禦小天體了

第 3 章　多彩多姿的極光

極光（Aurora）來源於拉丁文厄俄斯一詞。傳說厄俄斯是希臘神話中「黎明」的化身，是泰坦神（Titans）的女兒，是太陽神和月亮女神的姐姐。

極光是出現於星球北極的具有磁場的高緯地區上空的一種絢麗多彩的發光現象。和地球磁場、太陽風等有關。北極附近的阿拉斯加、北加拿大是觀賞（研究）北極光的最佳地點。但是，身為一般的天文愛好者，從欣賞、娛樂、周遊世界的角度出發，我們還是推薦你去北歐的斯堪地那維亞半島，也就是北歐 5 國（挪威、芬蘭、瑞典、丹麥、冰島）。

關於極光的美麗，你可以想像一下，你正站在阿拉斯加、加拿大或北歐 5 國的土地上，在一個晴朗的夜裡抬頭望向天空，你也許會有機會看到一縷淺綠或帶點白的光帶，自東向西延展過天際（圖 3.1），此時你正看著的即是為人們所嚮往的（北）極光，這種型態的光也可以在靠近南極的地區看到，我們稱之為南極光。

圖 3.1　跨越空間、時間的炫美極光

3.1　美麗的極光伴隨美麗的傳說

3.1.1　與生活相關的神話故事

極光是地球上最壯麗的天文現象之一，因此許多民族或部落，都會以其熟悉的事件去理解極光這種獨特的自然現象。尤其是生活在北極地區的民族。比如海邊的漁民，每天要捕魚，所以他們認為北極光是「魚皇」提供的火炬，幫助漁民在深夜捕魚。在挪威和瑞典，漁民們普遍認為北極光是大群的鯡魚在海洋中遷移游動的反映（圖 3.2）。因為這些魚群浮游在水面上，向空中的雲層發出閃光，所以人在地面上能見到。

在芬蘭西南部，人們則把北極光與大的海洋生物連繫起來，認為北極光是大鯨魚在海裡掀起的波光浪影反射到天空中造成的。北美印第安人也有將極光稱作「老人」的，他們形象地認為，極光流是老人長長的白髮。而極光閃耀便是老人火一樣的眼睛，而極光的眩光則是老人披在肩上的一頂長斗篷。在古代的芬蘭，人們以一種動物幫極光命名，稱極光為「狐狸之火」，意思說北極光是一隻狐狸（應該不是一般的狐狸，見圖 3.3）造成的。牠具有閃亮的毛皮，正迅速地越過拉普蘭山嶺（Lapland）。

圖 3.2 是絢麗的極光？還是游動的魚群？

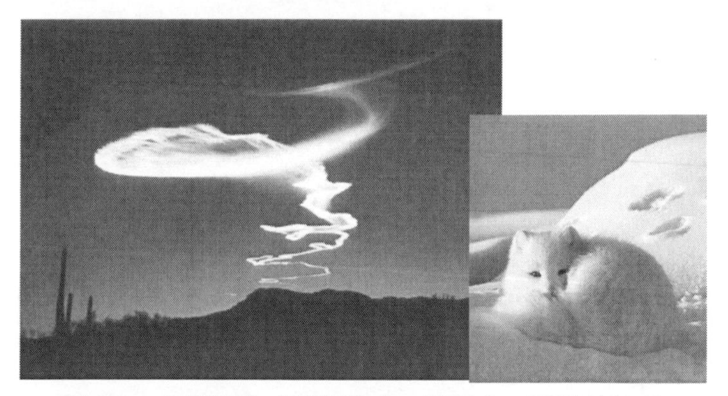

圖 3.3 把極光和「狐狸之火」連起來，可見其神奇

極為有趣的是一幅拉普蘭地方畫，是描述在北極光下獵狐的最古老的畫，畫於 1767 年。從畫裡可以看到，極光提供了足夠的照明亮度，使獵人能看清狐狸。1700 年後的一位北極探險者曾報導過，加拿大的印第安人將明亮的極光看成是天上出現的鹿群。這種想法可能來自兩個事實，一是明亮的極光往往出現在極光活動最快的時候，而鹿則以敏捷著稱；另一個是當人們撫摸鹿時，在黑暗中油亮的鹿毛如火光一樣發亮。不少地方的人在很早以前都認為北極光是某種火。在北歐的許多國家裡，古時的人們都把北極光看成是北極地方的活火山爆發。這種火是由非凡的上帝親自點燃的，以此來溫暖並照亮這個又冷又黑的地方。連某些古代的著名科學家都認為，北極光是由北極附近的火山活動引起的。

北美印第安人認為，北極光的出現與居住在最北面冰上的印第安小人國部落的人為期數天的旅行有關。據說這些小印第安人非常強壯有力，能赤手空拳捕捉大鯨魚。當他們生火燒製他們的獵物時，火光映到空中，成了北極光。西伯利亞的北冰洋沿岸，長期以來一直能見到北極光，所以有著豐富的民間故事在這些地方傳播。尤卡吉爾人（Yukaghir）用這樣的故事解釋極光：古時候，尤卡吉爾人住在河邊，他們膜拜一條鱗片為銀色的魚。銀鱗魚一年一度地從海上來到河口，人們做豐盛的供品給魚吃。有一次正碰上大荒年，尤卡吉爾人沒有什麼東西可以獻給魚。當魚來到岸邊時，見到空無一人，於是大怒。將牠的尾巴狠命地拍打了一下，濺起的水花飛向空中，從此北邊的天頂上便出現了閃光。從那時候起，當空中一出現火焰和閃光（即極光）時，就預示著壞天氣要出現了。

在北歐的一些國家裡，關於北極光的神話和傳說更為豐富。當北極光將其「多折的火把」灑向天空時，人們往往驚奇地不知說什麼好。當極光像五彩綢緞般地當空起伏擺動時，人們只好當作這是神仙在跳舞，或是看成部落間的戰爭。認為北極光是跳舞的看法，在古挪威人中極其普遍。直到現在，挪威西海岸的居民還把北極光視為老太太邊跳舞邊揮動戴白手套的手。在芬蘭也普遍將老婦人與極光連繫起來，在一個提到北極光的民諺中說道：「北方的女人又在空中翱翔起來了。」也有說「老太太又在放火了」。蘇格蘭人認為北極光是「歡快的舞者」，傳說這些舞者是超人（圖 3.4），正在為取悅一個漂亮的女士而在空中競賽或爭戰。北美印第安人中也有人把北極光看作「歡快的舞者」，不過認為都是些神仙在火花中跳舞。在格陵蘭和哈德遜灣（Hudson Bay）區域內的因努特人（Inuit）則認為北極光是個死人的王國，相信閃爍不定的北極光是死者想要跟他親屬聯繫的訊號。所以他們對北極光表示出很深的敬意，很忌諱用北極光來開玩笑。

圖 3.4　跳舞的極光

在丹麥的民間故事中，有一種最為浪漫的說法，說北極光是一群天鵝造成的（圖 3.5）。這群天鵝飛到極遠的北方，需要人們去解救，而當牠們發出求救信號時，在丹麥就看到了這種北極光。

圖 3.5　極光是舞動的白天鵝

格陵蘭人相信，口哨聲能加速北極光的運動。一旦聽到或察覺出共鳴之音，就說明與死去的朋友間已建立起連繫。福克斯印第安人（Fox Indian）認為，向北極光發出哨聲，相當於用魔法招來鬼魂和神靈。當這些神靈降臨時，祂們的說話聲，如同光腳走在硬地板上會噼啪作響。這些神靈飛跑而來時，身體向前傾，兩臂往後伸。雙眼不停地左右張望，從空中落地時發出雷聲，然後默默地站在召喚者的身旁，等待著發號施令。有個加拿大的印第安人說：他記得孩提時，人們很尊敬北極光，把它看作靈魂的使者。人們還說，有的人可以召來北極光，北極光則聽從他們的指揮。在外面散步時，來回搓動你的雙手並吹響口哨，北極光即會應聲而至，並輕歌曼舞地取悅於人。他還說，在他年輕的時候，也試過這種辦法，還真管用。西伯利亞的印第安部落相信極光是個天神，並以此命名，這個神和生育有關，幫助婦女度過分娩難關。

另外在因努特人中有這樣一個傳說：在大海和陸地的盡頭，有個巨大無比的深淵。在深淵的上面有條極其危險的羊腸小道通往天堂。天堂是地球上空的一個由堅實的材料築成的半圓球形的穹頂，上面有個洞，鬼魂鑽過去即可升入真正的天堂。在這條小道上，有不少自殺者或死於暴力的冤魂，還有攔路搶劫的壞鬼。住在那裡的鬼魂常點亮火把為新來者照明道路，這火把就是極光（圖 3.6）。由此可以看到天上舉行盛宴，並把海象的頭顱當足球在玩的景象。有時，與極光同時出現噼噼啪啪的雜音或哨聲，那是靈魂企圖與地球上的人交談的說話聲，這些都是低低的沙啞嗓音。年輕人和孩子們對著極光翩翩起舞，天上的靈魂叫做「天人」或「天上的居民」。

同時在毛利人（Māori）中有這樣一種說法：他們的祖先南往玻里尼西亞島，去尋找遙遠的南方大陸，並準備定居在那裡。因而，毛利人認為，這些南極光是他們遠行的祖先的後裔點燃的大火在空中的反光，這些古代航行者的子孫想以這種火光作為訊號，通知在玻里尼西亞的遠親，希望盡快地把他們從寒冷中救出來。

圖 3.6　極光會照亮通往天堂的路

3.1.2　極光是美麗與美好的象徵

現在我們都知道，北極光是出現在北極的高緯度地區上空的一種絢麗多彩的自然現象。而在遙遠的古代，漁民、牧民們不可能系統而探索性地觀察和研究極光，更沒有科學技術的指引為他們解開極光的祕密，由此就造成極光帶給人們許多的期盼和願望。

比如，波光粼粼的海面映照著極光，似乎為漁民尋找魚群在指明方向；茫茫無際森林閃耀的極光，似乎為獵人們指示尋覓狐狸的去向。印第安人小人國的勇士們，雖然能夠勇鬥大鯨魚，但是，對於狂烈的自然災害也是無計可施，也需要極光的出現為他們預示災害（壞天氣）的到來；同樣，格陵蘭人形容極光能發出「口哨」一樣的聲音，同時又說在這樣的聲音伴隨下，他們能和祖先交流，能幫助女人更順利地生產，而古代人們生產時，不都是依靠有經驗的老人去幫助完成的嗎！因努特人說：

極光能指引天堂之路，不就是最明顯的人生期盼嗎？

在古代，不僅僅是生活在極地的漁民和獵戶，世界各地都有關於極光產生的各種美麗傳說。就算是很少能夠看到極光的古代中國和古希臘，也有許多關於極光的美麗神話故事。這可能因為它們兩者都擁有世界歷史上最完整、最有系統、最動人神話體系的原因吧，怎麼能缺少漂亮動人的極光故事呢！

中國古代：極光是古代的神仙，叫燭龍

在中國的古書《山海經》中也有極光的記載。書中談到北方有個神仙，形貌如一條紅色的蛇，在夜空中閃閃發光，祂的名字叫燭龍（圖 3.7）。關於燭龍〈大荒北經〉有如下一段描述：「西北海之外，赤水之北，有章尾山。有神，人面蛇身而赤，直目正乘，其瞑乃晦，其視乃明。不食不寢不息，風雨是謁。是燭九陰，是謂燭龍。」這裡所指的燭龍，實際上就是極光。

圖 3.7　極光和燭龍伴隨起舞

古希臘：泰坦神的女兒

前文有提及極光這一術語來源於拉丁文厄俄斯一詞。傳說厄俄斯是泰坦神的女兒，是太陽神和月亮女神的姐姐，她又是北風等多種風和黃昏星等多顆星的母親（圖 3.8）。極光還曾被說成是獵戶星座的妻子。

圖 3.8　極光與希臘神話人物

中世紀歐洲的神話傳說

黎明女神奧羅拉（Aurora）愛上了美少年提索奧努斯（Tithonos）。此後每個黎明之際，每當她駕著天馬金車飛向戀人時（圖 3.9），她心中暗藏的思念之情便化為了空中的璀璨光芒，閃耀動人。

每一對曾共同目睹過極光的戀人，都堅信會受到奧羅拉的祝福。每年都有情侶攜手而至，讓這稀有卻閃耀的北極光，見證彼此的幸福約定。

不過，關於極光的愛情傳說不止如此。在神祕東方的日本和中國、北美、北歐，都有著類似卻各不相同的傳說。

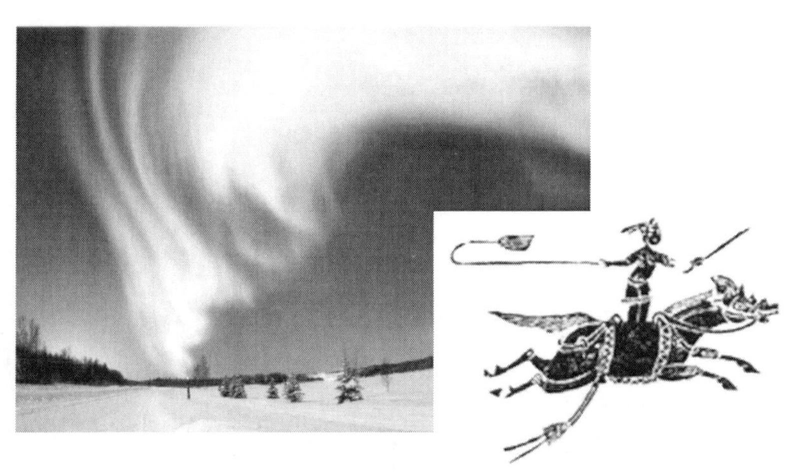

圖 3.9　女神駕上馬車去和情人相會

任何民族或部落，都以其熟悉的事件去理解極光這種獨特的自然現象，這是合乎常情的事。不論哪種解讀，在壯麗、絢爛的北極光面前，關於愛情的傳說似乎更經典，兩位愛人在極光的見證下，許下了愛的誓言，期望美妙的愛情永恆長久。在日本的神話中，有這樣一個傳說，一起看過極光的人會得到長久的愛情，一生幸福。每一個看過極光的人都對極光念念不忘，沒有看過的人，甚至將看極光當作一生的夢想。

最後一句，找個人一起去看極光吧！

3.1.3 猜想極光

極光被視為自然界中最漂亮的奇觀之一，經常出現的地方是在南北緯度 67°附近的兩個環帶狀區域內（圖 3.10），分別稱作南極光區和北極光區，在極光區內差不多每天都會發生極光活動。北半球以阿拉斯加、北加拿大、西伯利亞、格陵蘭冰島南端與挪威北海岸為主；而南半球則集中在南極洲附近。北極附近的阿拉斯加、北加拿大是觀賞極光的最佳地點，阿拉斯加的費爾班克斯（Fairbanks）更贏得「極光首都」的美稱，一年之中有超過 200 天的極光現象。

極光這般多姿多彩，如此變化萬千，許許多多的極區探險者和旅行家的筆記中，描寫極光時往往顯得語竭詞窮，只好說些「無法以言語形容」、「再也找不出合適的詞句加以描繪」之類的話作為遁詞。

圖 3.10　極光經常在南極和北極以「環帶」的形式出現

關於極光的生成，從地理課本上，你或許已經知道了美麗壯觀的極光的產生，與太陽風及地球磁場有密切的關係，但這究竟是什麼樣的關係呢？即使在科學界，這個未解之謎也經歷了漫長的探索過程。

認識極光——從《河圖稽命徵》到「特洛拉實驗」

遠在有文字記錄歷史之前，人類就已被極光的明暗變化深深地震懾吸引住了，它是距我們最近且最引人注目的太空奇象。前面已經為你講述過，壯麗的極光噴發景象創造出了許多的神話故事（生物）、民間傳說，而且還影響了歷史、宗教信仰和藝術的發展。

人們所知最早的極光紀錄於西元前 2,600 年。《河圖稽命徵》上說：「附寶（黃帝的母親）見大電光繞北權星，照耀郊野，感而孕二十五月，而生黃帝軒轅於青邱。」

在古書《山海經》中對燭龍的記載，實際上就是極光。數千年之後，在西元 1570 年，一幅極光的圖畫描繪著極光就像在雲層上點亮著的蠟燭。

西元 1619 年，伽利略以奧羅拉（Aurora），古羅馬神話中黎明女神（對應古希臘神話中的厄俄斯）之名創造出了「北極光」（aurora borealis）一詞，他當時將他看到的極光誤解為來自大氣層反射的太陽光。西元 1790 年，亨利·卡文迪許（Henry Cavendish）對極光作定量觀測，他藉由人們所熟知的三角測量法去估算得出，極光的位置在 100 ～ 130 公里高處。在西元 1902 至 1903 年間，挪威物理學家克里斯蒂安·伯克蘭（Kristian Birkeland），由他的「特洛拉實驗」（Terrella Experiment）得出結論：極光的發生是由於一股電流通過高層大氣時，激發氣體發光產生的，其原理就和我們現今氖氣燈管的運作方式一樣。但是，這種原理無法解釋極光所帶有的巨大的能量，以及極光發生的時間、區域，還有極光與太陽（風）和地球磁場的高度相關性。

在相當長一段時間內，人們對極光有以下三種看法。一種看法認為極光是地球外面燃起的大火，因為北極區臨近地球的邊緣，所以能看到這種大火；另一種看法認為，極光是紅日西沉以後，透射反照出來的光；還有一種看法認為，極地冰雪豐富，它們在白天吸收陽光，儲存起來，到夜晚釋放出來，便成了極光。

現在人們了解，極光一方面與地球高空大氣和地磁場的大規模相互作用有關，另一方面又與太陽噴發出來的高速帶電粒子流（太陽風）有關。由此可見，形成極光必不可少的條件是大氣、磁場和太陽風，缺一不可。但是這樣的說法顯得很模糊，人們需要的是更確切的精準的解釋。現在，依靠先進的衛星系統，科學家終於掌握了真相。

3.2　極光面面觀

3.2.1　極光的產生

在說明極光的產生之前，我們先介紹一位女神和一種地球物理現象——正義女神泰美斯和地球磁層亞暴現象。

正義女神泰美斯（Themis），一位智睿精悍的辯護者，希臘神話中誓約的守護人，一手持劍（代表著儀器），一手持秤（代表著科學研究），同時擁有著強大的力量和無私的公正。

亞暴即「磁層亞暴」（Magnetospheric Substorm），是發生於地球磁層的一種強烈擾動。持續時間為 1 ～ 2 小時，主要擾動區域包括整個磁尾、等離子體片和極光帶附近的電離層。1961 年，研究人員把地球磁暴主要分為環電流磁場和極區擾動磁場。極區擾動磁場的持續時間通常為 1 ～ 2 小時，比磁暴的持續時間短得多，故又稱極區擾動磁場亞暴，也稱地磁亞暴；因為極光活動時間和地磁亞暴一致，故極光活動又稱極光亞暴。1968 年，專家把它們統稱為磁層亞暴，因為它們都是磁層擾動的表現。

在一場「磁層亞暴」發生，並被連繫到與太陽風和地球極光有關之前，人們一直認為，產生極光的原因是太陽風帶到大氣外的高能粒子（電子和質子）撞擊高層大氣中的原子的作用（圖 3.11）。這種相互作用常發生在地球磁極周圍區域。現在所知，作為太陽風的一部分荷電粒子在到達地球附近時，被地球磁場俘獲，並使其朝向磁極下落。它們與氧和氮的原子碰撞，使之激發成為電離態的離子，這些離子發射不同波長的輻射，產生出紅、綠或藍等色的特徵色彩的極光。

地磁場分布在地球的周圍，被太陽風包裹著，形成一個棒槌狀的腔體，叫做磁層。可以把磁層看成是一個碩大無比的電視映像管，它將進入高空大氣的太陽風粒子流匯聚成束，聚焦到地磁的極區，極區大氣就是映像管的螢幕，極光則是電視螢幕上移動的圖像。

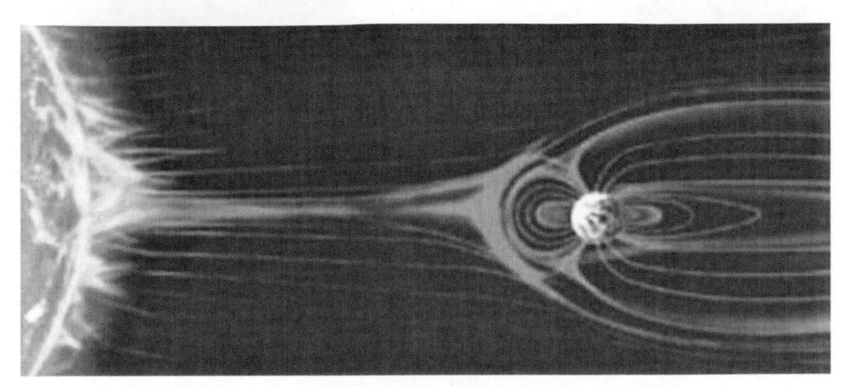

圖 3.11　太陽風和地球磁場作用產生極光

但是，這裡的電視螢幕卻不是 29 英吋或 34 英吋，而是直徑為 4,000 公里的極區高空大氣。通常，地面上的觀眾，在某個地方只能見到畫面的 1/50。在電視映像管中，電子束擊中電視螢幕，因為螢幕上塗有發光物質，會發射出光，顯示成圖像。

同樣，來自空間的電子束，打入極區高空大氣時，會激發大氣中的分子和原子，導致發光，人們便見到了極光的圖像顯示。在電視映像管中，是一對電極和一個電磁鐵作用於電子束，產生並形成一種活動的圖像。在極光發生時，極光的顯示和運動則是由於粒子束受到磁層中電場和磁場變化的調製造成的。

這種電視螢幕的原理基本上是正確的，但是地球大氣層這個螢幕並不只是由大氣構成，衛星觀測的結果證明，最主要的參與者還是磁層亞暴現象。這一發現源於 2007 年 3 月 23 日，當時阿拉斯加和加拿大北部地區爆發了一場「亞暴」，造成了地球磁場的擾動，這次「亞暴」引發了持續兩個小時之久的北極光。綠色和藍色的北極光不停地在空中閃動，越來越強烈，直到爆發出五彩繽紛、隨處可見的光芒。這些地區的多臺攝影機拍下了這些北極光的絢爛景色。運行在空間軌道上的執行 THEMIS 任務的 5 顆衛星，則記錄下其太陽風顆粒流動的走向與磁場變化。

研究顯示，這一「亞暴」的能量相當大，2 小時內發生的能量總和達到了 5×10^{14}J 的程度，相當於一次 5.5 級地震的能量大小。「『亞暴』的表現完全在意料之外，」THEMIS 的首席研究員瓦西里斯（Vassilis）表現出驚訝，「極光向西浪湧兩次，比任何人所想的還要快，不到 1 分鐘就橫越經度 15°。極光正好在 60 秒時，橫越整個極地時區，或 640 公里」。問題是，這些能量是從哪裡來的呢？

「衛星已經發現地球上層大氣的磁索（Magnetic Ropes）與太陽有直接關連的證據，」NASA 戈達德太空飛行中心（Goddard Space Flight Center）的科學家說，「我們相信，太陽風粒子沿著這些磁索流動，提供能量給地磁風暴與極光」。2007 年的 5 月 20 日，他們拍下了這些磁索的 3D 圖像。

磁索是一個被扭絞的磁場束（bundle of magnetic fields），其組織很像一捆被搓捻的麻繩（圖 3.12）。此前一些太空飛行器已偵測到了這些磁索的跡象，不過單一的太空飛行器無法充分測繪它們的三維結構，THEMIS 任務的 5 顆同樣的微衛星完成了這項任務。

「THEMIS 在 3 月 20 日遇到了第一條磁索，」科學家說，「它相當大，約跟地球一樣寬，而且位於地球上方約 7 萬公里的地方，一個稱為磁層頂（magne topause）的區域。」磁層頂是太陽風與地球磁場相會之處，而且如相撲選手般相互推擠。在此，磁索形成，並於幾分鐘內拆散，成為太陽風能源短暫卻重要的導管。

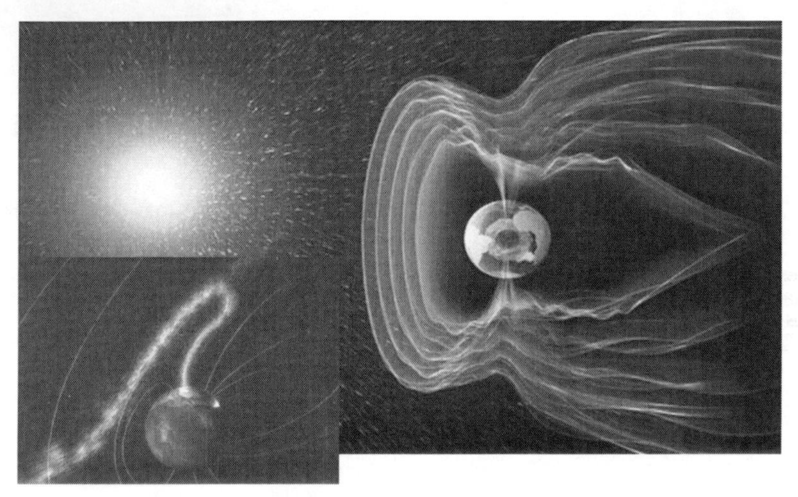

圖 3.12　地球磁場示意圖和由此產生的極光

THEMIS 任務的 5 顆衛星也觀測到一些地球磁場弓形衝擊波（Magnetic Bow shock）的爆發。「弓形衝擊波如同小船前頭的舷波（弓形波），」科學家解釋。「在此太陽風首度受到地球磁場的影響。有時太陽風當中的電流爆發將撞及弓形衝擊波（圖 3.13），然後砰！我們得到一次爆發」。

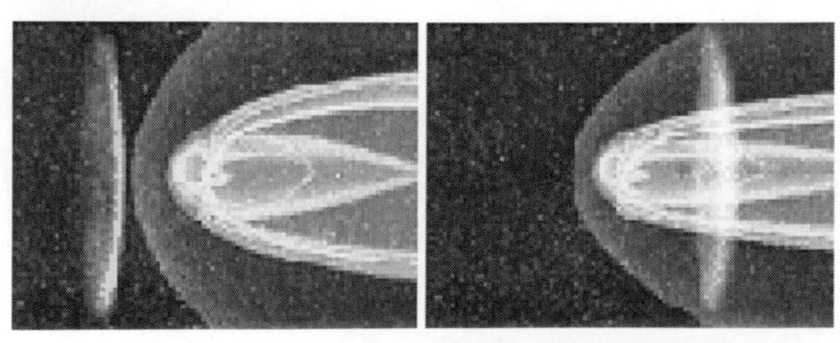

圖 3.13　太陽風穿越地球磁場形成「弓形衝擊波」

成為解開極光之謎的這5顆衛星由NASA製造，目的是了解多彩極光的神祕動力，吸引更多科學家加入「THEMIS」任務。該任務的全稱為「亞暴之大規模互動及時間歷史性事件」任務（Time History of Events and Macroscale Interactions during Substorms），縮寫後成了THEMIS，正好和希臘神話中「正義女神」泰美斯的名字一樣，因此得名（現在明白，我們為什麼在這一節的一開始就為您介紹這位「正義女神」了吧）。THEMIS任務在2003年被挑選為NASA第5次的中級探測者任務（Medium-Class Explorer, MIDEX），於2007年2月17日在美國佛羅里達州卡納維爾角（Cape Canaveral）的空軍基地成功發射升空。THEMIS整個計畫由位於馬里蘭島的戈達德太空飛行中心資助，負責落實的機構則是加州大學的柏克萊太空科學實驗室（Space Sciences Laboratory）。

「THEMIS」任務裝備的儀器可以測量太空中的離子、電子和電磁輻射。此外，THEMIS還有另外一套迷你型的衛星系統，將其加入這一實驗一起操作，能夠探測出從北極光風暴中發射出的熱能和壓力的演變。

專家將THEMIS的作用和氣象臺相比，透過這一儀器，就可以檢測出一世紀前的大氣氣候。專家說「這些（磁層）風暴的確可以很有助於我們理解和預測太空氣候」。

3.2.2 極光出現的區域和極光種類

大多數極光出現在地球上空90～130公里處，但有些極光要高得多。1959年，一次北極光所測得的高度是160公里，寬度超過4,800公里。

長期觀測統計結果顯示，極光最經常出現的地方是南北地磁緯度 67°附近的兩個環帶狀區域內，以南北極為中心 60°伸延至 75°左右，分別稱為南極光區和北極光區（圖 3.14），美國《國家地理》（National Geographic）雜誌發表的照片更是集美感和研究價值於一身。

在極光區內，差不多每天都會發生極光活動。極光區所包圍的內部區域，通常稱為極冠，在該區域內，極光出現的機會反而比緯度較低的極光區來得少。在中低緯度地區，尤其是近赤道地區，很少出現極光，但並不是說完全觀測不到極光，只不過要數十年才難得遇到一次。1958 年 2 月 10 日夜間的一次特大極光，在熱帶地區都能見到，而且顯示出鮮豔的紅色。這類極光往往與特大的太陽閃焰爆發和強烈的地球磁爆有關。

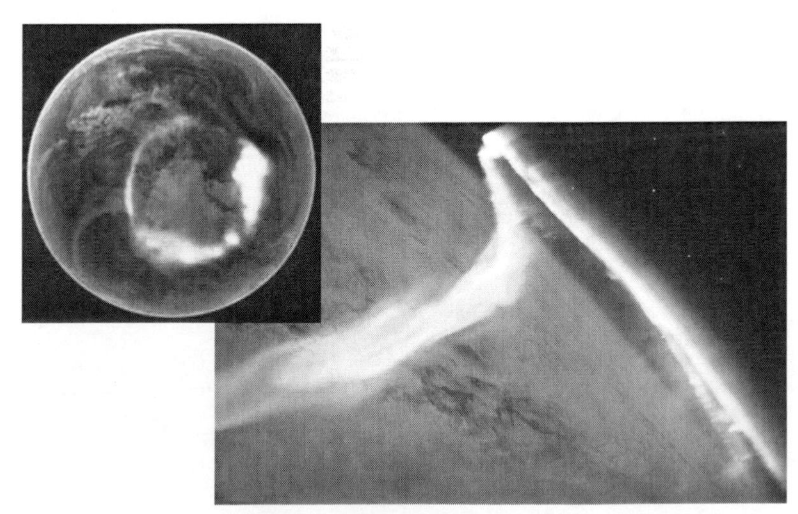

圖 3.14　衛星拍攝的地球極光

從科學研究的角度，按極光觀測的電磁波波段，可分為光學極光、無線電極光等；按極光激發粒子類型，可分為電子極光、質子極光等；按極光發生區域，可分為極冠極光、極光帶極光、中緯極光紅弧等；按極光的形態分類，可分為勻光弧極光、射線式光柱極光、射線式光弧光帶極光、簾幕狀極光、極光冕等。身為極光的觀賞者，我們更注意的是極光的形態和顏色。

人們將極光按其形態特徵分成五種：

極光弧

極光弧的特徵是，短暫增亮隨後很快衰減，歷時 10 ～ 20 分鐘，基本沿著日－地方向，有明顯黃昏方向運動。最常見的是底下整齊微微彎曲的圓弧狀極光弧（圖 3.15）。

圖 3.15　極光弧

帶狀極光

有彎扭折皺的飄帶狀極光帶（圖 3.16），或稱射線式光弧光帶極光。

圖 3.16　飄帶狀極光

極光片

如雲朵一般的片狀極光（圖 3.17）。

幕狀極光

像面紗一樣均勻的幕狀極光幔（圖 3.18）。

圖 3.17　片狀極光

圖 3.18　幕狀極光

極光冕

沿磁力線方向的放射狀極光冕（圖 3.19）。

圖 3.19　極光冕

3.2.3　極光的色彩

極光在不同的環境、不同的氣候、不同的時間會呈現多種色彩的變幻，研究顯示，極光呈現的顏色是由以下 4 個因素決定的：

(1)（太陽風）入射粒子的能量；

(2) 大氣中的原子和分子在不同高度的分布狀況；

(3) 大氣中原子和分子本身的特性；

(4) 大氣密度的均勻度。

入射粒子的能量高低決定了粒子能夠衝入大氣的深度，因此決定了極光產生的高度；而大氣成分隨高度的變化決定了入射粒子可能會撞擊到哪種原子或分子，因此決定了可能發出的極光波長。此外，大氣粒子本身的特性也很重要，這些特性直接決定所發出光的顏色。

另外，大氣密度也會影響極光的顏色。由於高層大氣密度較低，發光的過程不會受到原子和分子彼此碰撞的干擾。不過，距離地表越近，大氣密度越高，分子之間的撞擊較為頻繁，這會使得某些波長的光不容易產生。

決定極光顏色的最主要因素，就是不同種類分子在大氣中的垂直分布狀況。接近地表處，大氣的組成十分均勻，78% 是氮分子，21% 是氧分子，直到高度約 100 公里為止都是這樣的組成。在更高處，來自太陽的高能紫外線會將大氣分子分解成原子，不同種類的原子受到重力影響而產生不同的分布，較輕的原子會分布在上層。

在大氣層的最頂端，也就是約在距離地表 500 公里處，氫與氦原子占了大部分；距離地表 200 ～ 500 公里之間，氧原子的數目最多；在 100 ～ 200 公里之間，則是氮分子的數目最多，其餘主要是氧原子和氧分子；60 ～ 100 公里主要由氧分子和氮分子構成。

知道了以上大氣的分布（見表 3.1），你就能猜到，高度介於 60 ～ 100 公里的極光，主要的光應該來自氧和氮分子；100 ～ 200 公里的極光主要由氮分子和氧原子所貢獻；在 200 公里以上，極光主要來自氧原子，少部分來自氮分子；在大氣的最高層，氫與氦原子也會產生極光，不過這些光十分微弱，肉眼不容易見到。一般來說，當氧原子受電子激發後，便會發出淺綠色光。能量較高的電子激發中性氮分子，發出粉紅色或紫紅色的光。電離的氮分子則發出紫藍色的光。

表 3.1　極光顏色與大氣成分

大氣高度 /km	大氣主要成分	激發的顏色
60~100	氧和氮分子	綠色、紅色、白色
100~200	氮分子和氧原子	粉紅色、綠色、橙色
200~500	氧原子	淺綠色、紫色
500 以上	氫與氦原子	紅色、紫藍色

大氣的密度也是決定極光顏色的重要因素之一。在地表附近，每立方公分的空氣約有高達 10^{19} 個分子。大氣密度隨著高度而降低，在距離地表 50 公里處，密度下降到原來的 1/1,000。到了 100 公里處，密度更是海平面的 1/2,000,000。不過，到了 200 公里的高空，每立方公分仍然有 100 億顆（10^{10}）氣體粒子。相比之下，太陽風粒子的密度僅為大約每立方公分 5 顆。

儘管 150 公里以上的高空仍然有許多氣體粒子，粒子之間的撞擊已經不像低空那樣頻繁。碰撞會影響極光顏色，這是由於撞擊會把處於激發狀態的原子或分子的能量奪走，而這能量原本會放射出特定顏色的光。由於氧原子第一激發態的生命期長達 110 秒，在這段時間內如果受到其他原子撞擊，就會失去能量而無法放出波長 6300Å（$1Å=10^{-10}m$）的紅光。在 200 公里以上的高空，碰撞頻率很低，所以影響不大，但是在比較低的高度，紅色光就明顯受到抑制。

3.3　我們和極光

現在我們知道，極光實質上是地球周圍的一種巨大的磁場（層）放電現象。由此可知，研究極光的時空出現率，就能了解到形成極光的太陽粒子的起源，以及這些粒子從太陽上形成，經過行星際空間、磁層、電離層，以及最終消失的過程，並能了解到在此期間，這些粒子在一路上受到電的和磁的、物理的和化學的、靜力學的和動力學的各式各樣的作用力的情況。因此，極光可以作為日地關係的指示器，可以作為太陽和地磁活動的一種電視圖像，透過極光去探索太陽和磁層的奧祕，監測太陽的活動情況。

極光還是一種宇宙現象，在其他磁性星體上也能見到（圖 3.20），比如，太陽系的木星、土星，以及銀河系中的棕矮星。所以，對它的研究有著十分普遍的科學意義和實際應用方面的價值。對極光等離子體的研究，能更好地理解太陽系的演變、進化，還可以研究極光作為日地物理關係鏈中的一環，對氣候和氣象的影響，以及生物效應等。

圖 3.20　木星和棕矮星的極光

極光不但美麗，而且在地球大氣層中投下的能量，可以與全世界各國發電廠所產生電容量的總和相比。這種能量常常攪亂無線電和雷達的訊號。極光所產生的強力電流，也可以集結在長途電話線或影響微波的傳播，使電路中的電流局部或完全「損失」，甚至使電力傳輸線受到嚴重干擾，從而使某些地區暫時失去電力供應。怎樣利用極光所產生的能量為人類造福，是當今科學界的一項重要研究。

對於一般民眾來講，更重要的就是如何去欣賞極光啦！什麼時間、什麼地點欣賞極光最好呢？

秋季至冬季可以在晴朗的夜空中看到極光。其他季節也有極光出現，但只有在黑暗的夜空才能看到，所以欣賞極光的最佳日期為日照時間最短的 9 月至次年的 4 月初。

在格陵蘭島南部欣賞極光的最佳時間為 8 月中旬至 3 月底。奇怪的是，春季、秋季極光的出現比冬季更有規律。儘管黑暗的地方是欣賞極光的最佳位置，但是月光和城市的燈火輝煌並不妨礙欣賞極光。相反，雪地和建築物反射的月光甚至會為攝影作品增添神奇的效果。

關於欣賞極光的地點，許多人認為阿拉斯加和加拿大更靠近極區，是比較好的地點。但各方面權衡，斯堪地那維亞應該是最適合欣賞極光的地點，它的最大特點是極光出現在人們的正常活動範圍內。一般來說，北緯 65°以上的地區為極光區（南極附近陸地較少，不適合作為欣賞極光的地點）。

天氣晴朗時，如果該地區溫度在 -15 ～ -10℃之間，普遍都可以欣賞到極光。在室外很容易看到極光。在居住區，極光在城市燈火的輝照下顯得特別美麗。白天，可以遊覽景點，晚上我們可以悠閒地等候極光的光臨。以下幾個地點可供您考慮。

- 丹麥：格陵蘭、堪格爾路斯思阿克（Kangerlussuaq）、伊盧利薩特（Ilulissat）；
- 挪威：博德（Bodø）、羅弗敦（Lofoten）、納爾維克（Narvik）、特羅姆瑟（Tromsø）、阿爾塔（Alta）、北角（這是歐洲最北端的海角，距離北極 2,110 公里）；
- 瑞典：基律納（Kiruna）、耶利瓦勒（Gällivare）、約克莫克（Jokkmokk）（位於北極圈內）。

3.3.1　世界上最佳的 10 個欣賞極光的地點

每年的 9 月下旬到次年的 4 月底都是觀賞極光的最佳時機。為了您的極光浪漫之旅，讓我們盤點一下世界上最知名的 10 個觀賞極光的國家（地點）吧。

每位旅行者在漫長的目的地清單中必不可少的一項就是觀賞北極光。在北極光區域緯度 65°～ 72°的地區，若是能有幸遇上涼爽的天氣、微亮無雲的天空這般理想的觀賞條件，那麼欣賞到的持續幾分鐘或者幾天的極光秀一定會讓人終生難忘。

挪威：觀察極夜和極光

挪威北部特羅姆瑟鎮，夏季結束後就會開始有極光活動了。小鎮的地理位置極好，位於北極圈內的「北極光」區域（圖 3.21），堪稱世界上最頂級的極光觀賞地。鎮上還擁有世界最北端的大學、釀酒廠和天文館。遊客們可以乘坐郵輪或是乘坐海達路德郵輪遊覽挪威峽灣林立的海岸。特羅姆瑟的極光特色在於極光和峽灣的完美結合，遠處的雪山依著月光映在水面之上，你只需選好位置架起篝火，架好腳架靜靜地等待極光的降臨。在極光之下最適合喝熱巧克力，吃著蛋糕和咖哩牛肉飯，和來自世界各地的陌生人聊天。你還可以選擇在挪威峽灣搭乘輪船緩慢航行，通知有極光出現時再步行至甲板上欣賞。

圖 3.21　挪威：觀察極夜和極光

☼ 最佳觀看位置：特羅姆瑟、阿爾塔、斯瓦巴群島

(Svalbard)、芬馬克 (Finnmark)。

瑞典：探祕美麗的藍洞

瑞典的阿比斯庫 (Abisko) 周圍由於有獨特的微氣候，被科學證明是一個理想的觀賞點。在阿比斯庫國家公園附近是天文愛好者們的聚集地 (圖 3.22)，在漆黑的冬夜襯著完美的天空，極光更顯驚心動魄。最為神奇的是，有一片 70 公里長的名為托爾訥 (Tornetrsk) 的湖，創造了「藍洞」奇蹟，無論周圍的天氣如何變化，湖泊上的天空永遠都是蔚藍澄澈。瑞典比芬蘭和挪威看到極光的機率要大，地理位置和天氣都具備。很多酒店都提供極光行程，除去欣賞極光你還可以玩狗拉雪橇、追逐麋鹿、看絕美風光。托爾訥湖附近的飯店位置跟湖邊只隔了一條公路，所以幾乎沒有光害，在飯店門口就可以拍極光。

☼ 最佳觀看地點：基律納、阿比斯庫。

圖 3.22　瑞典：探祕美麗的藍洞

芬蘭：聽極光警報吹響

單論看極光的話北歐五國都適合，但是芬蘭無疑是人氣最高的，主要原因是去芬蘭看極光能體驗很多，即使沒看到極光你的旅程也不會單調。伊納里湖畔（Inari）擁有最美的「狐狸之火」極光，也讓這裡成為芬蘭觀賞極光的首選地。這裡處於北緯68.9°，遠離城市光害，周邊湖區環繞，還能看到湖中倒影的極光。數分鐘之內，極光蜿蜒跳躍著驟散分合，亮度逐漸變強，邊緣的些許暗紅也轉變成如狐狸尾巴般耀眼的火紅。

當遊客抵達位於芬蘭北部後，當地人會把「極光警報」分發給每一個人，而坐落在索丹屈萊（Sodanklya）附近的小鎮的北極光研究會，將會透過飯店把極光資訊發送給遊客，以提醒遊客們極光的到來。在寒冷的萬里無雲的夜晚，漫步在內利姆鎮（Nellim）的街道，披著繁星的微光，欣賞伊納里湖（圖 3.23），人生何足幸哉！

圖 3.23　芬蘭：伊納里湖上欣賞極光

☼ 最佳可視的位置：內利姆、烏茨約基（Utsjoki）、卡克斯勞特恩度假村（Kakslauttanen）。

冰島：探索雷克雅維克以外的城市的燈光

在冰島除了首都雷克雅維克（Reykjavík），你幾乎能在每個地方都欣賞到極光。冰島是世界上唯一全島都處於極光帶上的國家，每年 10 月到次年 3 月，你可以在全島的任何一個地方看到極光。即使是它的首都雷克雅維克，也是有可能觀賞到極光的。當然最適合觀賞極光的，還是斯奈山半島（Snæfellsnes）的教會山（Kirkjufell）。在教會山選一個沒有人的地方，靜靜地等待一場極光的盛宴吧！

久經都市繁華的夜生活，不妨去看看別樣的風光，到廣闊的國家公園旁邊的北美和歐亞大陸板塊裂谷辛格韋德利（Tingvellir）去放鬆身心。在黑暗的天空下，你將會欣賞到整個冰島為之瘋狂的天空光彩舞蹈（圖 3.24），絢麗且變化萬千的色彩，使得短短的 20 分鐘極光表演就如同一個小時般豐富。

☼ 最好的觀察地點：辛格韋德利、整個國家。

圖 3.24　冰島：探索雷克雅維克以外的城市的燈光

阿拉斯加：在北美看北極光

阿拉斯加所在位置的「區域」，就意味著你幾乎肯定會看到壯觀的極光公演（圖 3.25）。

圖 3.25　阿拉斯加：在北美看北極光

只要是在阿拉斯加「區域內」的地點，就幾乎意味著你能欣賞到絕美的極光，要確保自己遠離費爾班克斯（Fairbanks）的城市光害，讓自己到德納利（Denali）或加拿大育空（Yukon）的廣闊土地上。城郊有一個著名的極光小屋，大多數追逐極光的人會選擇在那裡入住，它離城市很遠，沒有任何的光害，你推開窗就能看到極光。這裡住滿了來看極光的人們，一過午夜 12 點極光就會漸漸出現，形成了一條巨大的彩帶在天空中放肆地扭動著，你還能在極光下求婚！

推薦珍娜溫泉（Chena Hot Springs），去的話不要挑週末，因為週末時間，當地人也會去那裡泡溫泉，還有就是一定要提前看看當天的極光指數，確保可以一邊泡溫泉一邊看極光。

最好的觀察地點：安克拉治（Anchorage）、費爾班克斯、德納利峰、加拿大的育空地區。

加拿大：去北方廣闊邊境賞極光

在安大略省（Ontario）和加拿大北部的苔原野外觀測地點的原始蘇必略湖（Lake Superior），絕對是所有天文愛好者的首選（圖 3.26）。有時，發光的天空可以看到遠在南方的美國邊境，因此必須堅持在加拿大廣袤的荒野中尋找到合適的前排座位，防止霓虹燈來搗亂。

圖 3.26　加拿大：去北方廣闊邊境賞極光

加拿大境內最有名的極光觀賞地就是黃刀鎮（Yellow knife）了，它是加拿大西北地區的首府。與北美地區另一極光勝地阿拉斯加相比，這裡地勢平坦，觀賞極光的視野更加開闊。碰上太陽活動活躍年分，據說這裡每年有 240 天左右可以看到極光。只要在那裡連續等三個晚上，在雪地裡的帳篷裡等一場極光，就有 95% 以上的機率能看到極光，實在是非常難得。

最好的觀察地點：卡加利（Calgary）、安大略省、育空地區、曼尼托巴省（Manitoba）。

格陵蘭島：體驗最齊全的絢爛極光

格陵蘭是世界第一大島，也是最古老的島嶼。它 81% 的面積被冰雪覆蓋，大部分處在北極圈內。紀錄片《世界盡頭的村落》（Village at the End of the World），就講述了這個島上的童話村落堅守家園的故事。

格陵蘭島對普通旅客而言是離北極圈最靠近的地點，就內陸而言也是最佳位置。當然格陵蘭島南部和東部地區也能提供同樣上佳的觀賞機會，甚至當極光來臨時全國各地都能一覽奇景，與冰島十分類似。

最好的觀察地點：庫盧蘇克（Kulusuk）、阿馬薩利克島（Ammassalik）（圖 3.27）。

圖 3.27　格陵蘭島：體驗最齊全的絢爛極光

蘇格蘭：看天空為極光拉開帷幕

在這座以暴風、多霧和多雲天氣聞名的不列顛群島上，雖說並不是觀賞極光的理想狀況，但偶爾在冬季夜晚當厚重的雲層暫時消失時，你就有機會在蘇格蘭北部欣賞到極光。蘇格蘭高地的美有史詩般的壯觀，大大的鵝卵石自山巔宣洩而下，然後衝流入一片深綠色的草原，還有那分布各處的蘇格蘭湖泊，偶爾映照著變幻的極光（圖 3.28）。在英國也能看到極光，大概很多人都不知道。不過比起北歐五國，這裡能看到極光的機率確實低很多。

最好的觀察地點：亞伯丁（Aberdeen）、天空島（Isle of Skye）的北部高地。

俄羅斯：不畏嚴寒的北極之光

在俄羅斯北部，天文愛好者將獲得極好的機會看到北極光。接近北極光區的科拉半島（Kola Peninsula）和莫曼斯克小鎮（Murmansk）都是境內數一數二的極光基地，遊人們唯一需要苦惱的唯有西伯利亞的寒冷冬天，只要能堅持，多彩極光就是囊中之物（圖 3.29）。莫曼斯克是看極光的重要中繼站，也是極光之旅的熱門住宿區。相比北歐看到極光的機率不算高，優勢是冷門，遊客並不多。還有可能，你和大熊會來一次親密接觸！

圖 3.28　蘇格蘭：看天空為極光拉開帷幕

圖 3.29　俄羅斯：不畏嚴寒的北極之光

最好的觀察地點：莫曼斯克、西伯利亞、科拉半島。

中國：漠河北極村

漠河北極村是中國最北部的一個邊陲小村，坐落於大興安嶺山脈北麓的七星山腳下，緯度高達 53° 33′ 30″，與俄羅斯阿穆爾州（Amur Oblast）的村落隔江相望，素有「北極村」、「不夜城」之稱，是中國觀賞北極光及其白夜勝景的最佳之處（圖 3.30）。在北極村，有北陲哨兵、神州北極、古水井、日偽電廠遺址、最北之家等。每年夏至節期間都在江邊舉行夏至節篝火晚會，載歌載舞、通宵達旦。

圖 3.30　中國：漠河北極村

每當夏至前後，這裡每天有近 20 個小時能夠看到太陽，這便是人們常說的永晝現象，幸運時還會看到異彩紛呈、絢麗多姿的北極光。一天 24 小時幾乎都是白晝，午夜向北眺望，天空泛白，像傍晚，又像拂曉，人們在室外能夠下象棋、打球。

北極村的最大特點就是，隨意一個地方，都能夠說是中國的最北端：中國最北之家、最北的郵局、最北的小學……甚至還有最北的廁所。中國最北之家據說是經專家透過經緯度測定驗證最北的一戶人家，是北極村的地標性建築。來這裡的人，臨走前都不忘在中國最北端的郵局買張明信片，蓋上最北端的郵戳，留作紀念。

國家圖書館出版品預行編目資料

流星迷蹤：從璀璨星體到黯淡隕石，每一次墜落都是來自天外的珍貴禮物！ / 姚建明 編著. -- 第一版. -- 臺北市：崧燁文化事業有限公司, 2022.10

面； 公分

POD版

ISBN 978-626-332-765-8(平裝)

1.CST: 慧星 2.CST: 流星 3.CST: 極光

323.6 111014890

流星迷蹤：從璀璨星體到黯淡隕石，每一次墜落都是來自天外的珍貴禮物！

編　　著：姚建明

發 行 人：黃振庭

出 版 者：崧燁文化事業有限公司

發 行 者：崧燁文化事業有限公司

E-mail：sonbookservice@gmail.com

粉 絲 頁：https://www.facebook.com/sonbookss/

網　　址：https://sonbook.net/

地　　址：台北市中正區重慶南路一段六十一號八樓815室

Rm. 815, 8F., No.61, Sec. 1, Chongqing S. Rd., Zhongzheng Dist., Taipei City 100, Taiwan

電　　話：(02)2370-3310　　**傳　　真**：(02) 2388-1990

印　　刷：京峯彩色印刷有限公司（京峰數位）

律師顧問：廣華律師事務所 張珮琦律師

定　　價：260元

發行日期：2022年10月第一版

◎本書以POD印製